基于深度学习的空时分组码识别理论与技术

闫文君　等　著

国防工业出版社

·北京·

内容简介

空时-频分组码是采用分集思想对无线通信传输系统性能进行改善的信道编码方式。本书主要介绍了STBC、STBC-OFDM和SFBC-OFDM三种信号的深度学习识别技术，从研究对象和技术路径的基础理论出发，对每类信号的预处理方式、数据集构建方法、深度学习模型架构都进行了详细的描述，并基于仿真数据对各种识别方法进行验证，给出了每种信号的识别流程。本书从深度学习技术在编码识别领域潜力的角度出发，给出了由此产生的针对信道编码识别技术的思考，以期对相关领域的专家学者带来启发。

本书与《空时分组码识别理论与技术》一书相辅相成，能够从传统方法和深度学习两个角度为读者提供理论和技术指导，《空时分组码识别理论与技术》涵盖了空时分组码识别领域大多数的传统算法，具有更强的理论性和系统性，而本书则更具工程化和实践性，专注于采用深度学习的识别方法。本书的专业性和针对性较强，适合作为通信和信号处理相关领域研究生的参考书，还可供从事信道编码识别技术开发应用的工程技术人员参考。

图书在版编目(CIP)数据

基于深度学习的空时分组码识别理论与技术/闫文君等著.—北京：国防工业出版社，2024.6

ISBN 978-7-118-13172-7

Ⅰ.①基… Ⅱ.①闫… Ⅲ.①信道编码—分组码
Ⅳ.①TN911.22

中国国家版本馆CIP数据核字(2024)第066435号

※

国防工业出版社出版发行

(北京市海淀区紫竹院南路23号 邮政编码100048)

北京虎彩文化传播有限公司印刷

新华书店经售

*

开本 710×1000 1/16 **印张** 8¾ **字数** 150千字

2024年6月第1版第1次印刷 **印数** 1—1300册 **定价** 88.00元

国防书店：(010)88540777　　书店传真：(010)88540776

发行业务：(010)88540717　　发行传真：(010)88540762

前　言

作为信道编码技术的重要组成部分，空间编码技术基于多输入多输出(Multiple Input Multiple Output, MIMO)系统的天线分集思想，通过增加收发天线数以充分利用空间资源，能够显著地改善无线通信的传输质量。但随着通信技术的不断发展，电磁环境与信息化技术日益密集化、复杂化，在非合作通信场景下接收方本就处于先验信息缺失的劣势，恶劣的信道环境则使获取非合作方信源信息变得更加困难重重，因此，研究在恶劣信道条件下的空时分组码(Space Time Block Code, STBC)识别技术，对于非合作通信具有重要意义。本书针对现有空时分组码识别算法对非合作通信和恶劣信道适应性差的难题，在依靠传统识别算法提取的高质量特征的基础上，结合深度学习相关的新兴技术，对空时分组码识别问题展开深入研究，并就传统基于特征提取的方法和基于深度学习的方法进行对比。主要内容如下：

一是针对传统STBC识别算法抗干扰性能差、不适用于非合作通信的问题，本书介绍了基于经典神经网络的识别算法，可直接对时域接收信号进行识别，并具有较强的实时识别能力，适用于有一定识别精度要求的快速识别场景，具有较高的工程和实际应用价值，在后续研究中可作为基础网络架构进行参考对比。

二是针对基础STBC识别网络仅限于简单模型架构的借鉴、网络结构研究不够深入的问题，在经典深度学习模型的基础上，通过对STBC特性的进一步研究，介绍了基于多模态特征融合网络的识别算法，该算法在识别性能上较基于STBC相关性的卷积神经网络更优，通过从不同角度对信号特征进行融合学习，对低信噪比具有较强的适应性，适合于复杂信道环境下的STBC类型识别。

三是针对传统 SFBC-OFDM 识别算法低信噪比下误判率高、先验信息需求多的问题，介绍了基于互相关时频图像和深度多级残差网络的识别算法。算法具有较好的抗噪性能，且在非时钟同步下也能进行有效识别，无须考虑接收端与发射端的时延问题，有效缓解了非合作方在先验信息方面的劣势。

四是针对传统 STBC-OFDM 识别算法受信道条件影响大、在不同通信环境下鲁棒性差的问题，介绍了基于四阶滞后矩谱和注意力引导多尺度扩张卷积网络的识别算法。算法不需要知道信道和噪声的先验信息，对不同信道环境具有较强的适应性，在-8dB 的性能较现有算法提升了 9%，适合于恶劣信道与非合作通信条件下的 STBC-OFDM 识别。

本书第 3 章和第 4 章由闫文君撰写，第 5 章和第 6 章由张聿远撰写，其余章节由凌青撰写，并负责全稿校对。本书适合于通信编码和信息对抗领域研究生和研究人员阅读，由于作者水平有限，书中难免存在缺憾和不足，敬请批评指正。

作者

2023 年 7 月

目　　录

第1章 绪　　论

1.1 研究背景及意义

从人类语言产生并有交流沟通的意愿与需求时,通信就已经开始萌芽了。古人借助烽火、信鸽和驿卒等方式传递信息,不仅耗费大量的时间,能够传输的信息也非常有限。19 世纪 60 年代,麦克斯韦首先建立了具有划时代意义的电、磁、光统一的麦克斯韦方程组,为无线电通信的出现奠定了理论基础。40 年后,马可尼利用风筝对通信天线进行引导,将理论付诸实践,实现了远洋 3000 多千米的无线通信,开创了人类信息传输的新纪元。从第一次无线通信的实现开始,信息传输就不断地向着更快、更准和更可靠的方向发展,20 世纪 50 年代以来,BCH 码[1]、卷积码[2]、Turbo 码[3]、LDPC 码[4]和空时分组码(STBC)[5]等一系列具有高性能的信道编码方式不断涌现,使得通信系统的纠错能力和抗噪性逐步增强,不断提升和改善着人类的生活质量。然而,在现代战争中,无线通信往往需要在发射方信息未知的非合作通信条件下获取敌方有效信息,在电子对抗、通信侦察、频谱检测等通信场景下,接收方甚至无法获取编码信号的频谱、载波和调制样式等基本信息,这对通信侦察方来说是非常不利的,因此,实现非合作通信场景下的信道编码方式识别具有重要的军事应用价值。此外,伴随着电磁环境与信息化技术日益密集化、复杂化,通信信号传输的环境越来越恶劣,受噪声和信道衰减的影响较大,故进一步探索从强干扰环境中正确识别发射机信号类型对于通信侦察方来说具有极为重要的意义。

近年来,伴随着计算机硬件水平的不断提升,深度学习(Deep Learning,DL)技术迎来了快速发展的井喷期,在计算机视觉、自然语言处理和语音识别等领域引发了突破性的变革,并逐步延伸至人脸识别等人们生活中的方方面面,成为了人工智能技术的新星。然而,深度学习的发展也并非一帆风顺,20 世纪 40 年代,心理学家 Warren McCulloch 首次在其所发表的学术论文中介绍了人工神经网络的基本理论[6],但受限于计算机的运算能力和层数增加导致的梯度消失问题,深度学习在崛起之前经历了两次发展的低谷。直至 2006 年,Geoffrey Hinton 教授在世界顶级学术期刊《科学》上阐述了削弱梯度消失对深度学习模型学习过程影响的思路,即采用无监督预训练首先对模型的各层参数实现初始化,再结合有监督的反向传播算法对训练数据集进行学习,不断迭代更新权值和偏置等各种网络参数,实现网络模型的优化,这一方法一经出现便获得了广泛关注,包括斯坦福大学在内的大量高校不断注入资金、人力从事相关内容的研究。

得益于深度学习模型对海量数据的自学习能力,神经网络在无需专家经验指导的情况下,能够通过自组织地调节非线性节点的映射参数,实现对高维复杂特征的提取,甚至可获取较传统算法表征能力更强、通信场景适应性更好的深层特征,这不仅意味着算法能够获得更优良的识别性能,其强大的自学习能力对非合作通信条件下的编码识别还具有特别的现实意义。在通信侦察等场景下,即便几乎不知道发射方的任何先验信息,完成监督学习的神经网络也能够直接识别信号类型,这是因为训练好的模型“记住了”待识别信号的独特信息,当再次出现的信号与此类信号相近时,网络便会自动地将其识别为该信号类型,从而避免了传统算法繁琐的特征设计、参数调整等流程,且无需专家经验指导,极大地简化了识别的流程和难度。可以说,深度学习独特的自学习能力使其成为了非合作通信新方法的一种必然选择。

世界各国历来重视通信对抗场景下的数据采集与分析工作，通过实现成体系的信息化、现代化通信设备的设计研发，为信息化战争体系中的通信系统对抗奠定了坚实基础。在非合作通信中，信道编码类型的识别是获取敌方情报的关键步骤，可为进一步的信源译码、协议分析提供有力支撑。因此，本书对先验信息未知情况下的空时-频分组码类型识别问题中的技术难点展开研究，介绍了对强干扰环境有优良适应性，且适用于非合作通信场景的深度学习方法，其技术理论和研究成果将为新型无线侦察设备的研发提供重要的理论和技术支撑。

1.2 国内外研究现状

1.2.1 STBC识别研究现状

伴随着无线通信技术的快速发展，为充分利用传输信道空间，Alamouti于1999年介绍了空时分组码的概念。该信道编码方式基于空间分集思想，在空间域和时间域对传输符号进行编码，有效地克服了传统多输入多输出(MIMO)系统中的多径衰落问题，在不牺牲带宽的前提下提供更大的分集与编码增益。得益于其优异的信道容量，STBC技术已在IEEE802.16e和IEEE802.11n标准中被定义为5G无线通信系统重要的组成部分。

现有的空时分组码识别方法仍以传统算法为主，鲜有深度学习技术在该领域的应用。传统方法需对STBC特征进行提取，主要利用STBC的相关性，对计算得到的累积量进行假设检验以实现识别，包括基于二阶统计特征的算法[7-10]和基于高阶统计特征的方法[11-15]等。其中，基于二阶统计特征的算法分别通过计算互相关矩阵[7]、相关矩阵的诱导峰值[8]和二阶循环统计特征的方法[9-10]完成空时分组码信号的识别过程，与之相类似的，基于高阶统计特征的算法常采用计算四阶统计量[12-14]和循环累积量[15]的方法完成识别过程,这些方法[7-15]都通过计算接收信号统计特征,并进一步构建假设检验进行识别,取得了比较好的识别效果。除了利用统计特征进行的识别方法外,文献[16]介绍了采用 kolmogorov-smirnov(K-S)检测的方法对空时分组码进行盲识别,识别效果也较好。但是,以上算法[7-16]只对 4 类 STBC 码进行了讨论,甚至其中许多算法[7-8,10,16]只对基础的空间复用(Special Multiplexing, SM)信号和 Alamouti(AL)信号进行了分析,可识别的信号类型仍然较少。因此,进一步扩展可识别的空时分组码类型,增强现有算法的识别准确率,成为了本领域中亟待解决的问题之一。

1.2.2　SFBC-OFDM 识别研究现状

伴随着现代通信的不断发展,无线通信的频谱资源因占用过多而导致逐步短缺,MIMO 系统与正交频分复用(Orthogonal Frequency Division Multiplexing, OFDM)技术的综合使用进一步显著改善了信号频谱的使用效率,因而得到了越来越广泛的关注[17]。空频分组码(Space Frequency Block Code, SFBC)作为两技术相结合的一种编码方式,以其对空间和频带的高利用率,使得数据的传输速率和效率得到了大幅的提高。然而,在频谱监测和通信侦察等非协作通信情况下,信道和噪声的先验信息往往难以获得,人工提取特征难度较大,因此如何对 SFBC-OFDM 信号进行非协作条件下的自动识别具有重要意义。

现有的空频分组码识别方法仍以人工提取特征算法为主,利用接收端信号的统计特性,构建统计特征量作为假设检验的依据实现识别[18-23]。文献[18]推导了 SFBC-OFDM 信号的二阶循环统计量的表达式,并将该统计量作为识别的特征参数。文献[19]基于随机矩阵理论,在频域内通过平滑窗检测接收信号的主成分序列,并将其欧几里德距离作为假设检验的识别特征以实现识别。文献[20]介绍了一种基于空间-频域冗余的空频分组码识别方法,该方法利用空域冗余构造估计量的互相关函数,在假设检验统计量中加入频域冗余以实现识别。文献[21]基于中心极限定理,利用空频冗余统计量进行假设检验完成识别。文献[22]通过计算接收天线间的互相关函数,采用虚警测试来进行决策。文献[23]介绍了一种基于随机矩阵理论和子空间分解的 SFBC-OFDM 识别方法,根据噪声子空间的最大特征值确定决策边界,并利用距离度量的决策树进行决策。以上算法[18-23]均为人工提取特征的算法,需要人为设定检验阈值和特征参数,存在特征选取困难、调参过程复杂、对专业知识和经验要求高等问题,并且在改变信道和噪声后需重新设定判决规则,对不同通信环境的鲁棒性差。特征提取算法常需要较多的先验信息,对信道和噪声的限制条件较多,在非协作通信下的识别能力有待提高。

1.2.3　STBC-OFDM 识别研究现状

在考虑多载波的情况下,作为空间编码(Space Block Coding, SBC)与 OFDM 结合的一种重要方式,STBC-OFDM 编码能够提供更大的分集与编码增益,改善系统性能。现有的大部分 STBC-OFDM 识别算法均为基于特征提取的传统方法,其性能依赖于专业知识和经验,并且常常需要较多的先验信息,对信道和噪声的限制条件比较多,不适用于非协作通信条件下的信号识别。依据 STBC-OFDM 信号编码方式的相关性差异,传统算法通过获取能够反映信号本质特征的统计特征量,进一步建立决策树并逐项进行假设检验以完成识别[24-27]。基于信号的空间-频域冗余,文献[25-26]通过计算不同接收天线之间的互相关函数并将其作为辨识特征,实现了 SM-OFDM 与 AL-OFDM 信号的有效识别。文献[24,27]根据不同编码矩阵的相关性差异,通过计算接收信号的四阶滞后积识别发射的 STBC-OFDM 信号类型。传统算法已经进行了较为深入的研究,但因其需要人为提取特征和设置检验阈值,因此仍然存在特征选取困难、调参过程复杂和对噪声较敏感等问题,对先验信息匮乏的非协作通信情景的适应性较差。

此外,随着电磁环境与信息化技术日益密集化、复杂化,信号传输受信道条件与噪声干扰的影响越来越大,传统基于特征提取与阈值决策的STBC-OFDM 信号识别方法,已不能满足实际通信环境中精准快速识别的现实需求,急需进一步提升算法对低信噪比(Signal Noise Ratio,SNR)的适应能力。现有方法[24-27]需要人为提取特征和设置检验阈值,其识别性能受参数选取的影响大,在改变信道和噪声后需重新设定判决规则,对不同通信环境的鲁棒性差。考虑到在实际通信过程中,信号往往需要在低信噪比的复杂电磁环境中传输,信号受噪声和信道衰减的影响较大,因此,如何从强干扰环境中正确识别发射机信号类型的问题亟待解决。

1.3 本书的主要内容

针对空时-频编码盲识别技术的研究现状,本书主要对空间编码的三种主流编码方式展开研究:STBC 信号、SFBC-OFDM 信号和 STBC-OFDM 信号。通过将深度学习技术引入以上三种信道编码领域,以克服传统方法不适用于非协作通信和低信噪比适应性差的两大技术难点。本书主要完成了以下四部分内容:

(1) 基于经典深度学习模型的 STBC 识别算法。空时分组码作为空时-频编码技术的核心,其识别算法的实现将为其他主流空间编码方式提供重要借鉴。为探索一种适用于该编码方式的深度学习算法和技术实现路径,本书首先介绍了基于经典深度学习模型的识别算法,在借鉴其他通信信号成功应用案例的基础上,构建以接收端时域 I/Q 信号为样本的数据库,为STBC 识别网络的训练奠定数据基础。为发掘一种性能优良且稳定的经典模型架构,设计了基于 STBC 相关性的卷积神经网络模型、带有跨越连接的残差网络模型和引入了长短期记忆层的卷积-循环神经网络模型,并对算法具体的样本构建方法、网络学习训练过程和算法识别流程进行了详细说明。仿真实验表明,在诸多经典模型中,基于 STBC 相关性的卷积神经网络模型因结合其编码特点进行了结构改进而具有更优异的识别性能,将现有算法可识别的 STBC 扩展到了 6 类,可作为后续研究的典型架构进行参照对比。此外,得益于神经网络对大量标签数据的自学习能力和强大的特征映射能力,深度学习算法对信道、噪声的先验信息要求少,非常适合非协作通信情况。

(2) 基于多模态特征融合网络的 STBC 识别算法。针对经典深度学习模型局限于网络的迁移学习和简单深度学习框架的搭建,对模型结构的研究不够深入的问题,为进一步提升低信噪比下的准确率和识别效率,介绍了基于多模态特征融合网络(Multi-Modality Features Fusion Network, MMFFN)的空时分组码自动识别方法。首先在合并卷积层将 STBC 时域样本映射为一维特征向量的基础上,采用多扩张率下的扩张卷积提取非连续时间窗的 STBC 码内特征,实现多时延特征自提取;其次构建多时序特征自提取模块以提取码间时序特征,进一步扩展映射特征类型;最后提取多时延拼接层的最大时延特征作为深层融合特征,并增加了带跨越连接的残差层以提升融合特征利用率,实现空时分组码识别。仿真实验结果表明,本书算法较经典深度学习模型的性能进一步提升,对低信噪比有较强的适应性。本书介绍的 STBC 多时延特征提取和融合方法,为结合传统算法设计深度学习网络结构提供了新思路,其思想同样可应用于其他通信信号识别领域。

(3) 基于深度多级残差网络的 SFBC-OFDM 识别算法。针对传统 SFBC-OFDM 识别算法对低信噪比和非协作通信适应性差的问题,介绍了一种基于时频分析与深度多级残差网络的 SFBC 自动识别方法。首先对空频分组码互相关幅值序列进行时频分析,转换得到二维互相关时频图像以反映信号本质特征;其次通过非时钟同步拼接以适应不同接收端时延下的信号识别;最后构建带有多层跨越连接的深度多级残差网络,实现空频分组码识别。该方法不需要人为设定阈值和假设检验统计量,克服了传统算法的诸多缺陷。仿真实验表明,基于深度多级残差网络的识别方法对低信噪比环境具有较强的适应性。本书介绍的特征转化和预处理方法,为基于特征提取与转化的识别方法与深度学习技术相结合提供了新思路,其思想同样可应用于其他通信信号识别领域。

(4) 基于深度学习和四阶滞后矩谱的 STBC-OFDM 识别算法。针对现有算法受信道条件与噪声干扰影响大,对不同通信环境的鲁棒性差的问题,介绍了一种基于四阶滞后矩谱(Fourth Order Lag Moment Spectrum, FOLMS)和注意力引导多尺度扩张卷积网络(Attention-Guided Multi-Scale Dilated Convolution network, AMDC-net)的识别方法。通过计算接收信号的四阶滞后矩向量并对其进行二维拼接以得到 FOLMS 作为深度学习模型的输入;然后,利用多尺度扩张卷积以充分提取图像在不同尺度下的细节信息,并进一步引入卷积块注意力模块以构建 AMDC 模块,使得网络更加集中于重点目标区域;最后,将多尺度引导特征经过拼接融合、残差学习和全连接层输出识别结果。仿真实验表明,本书算法的性能较现有算法获得了显著的提升,对强干扰环境具有良好的适应性。此外,深度学习模型可直接对预处理得到的 FOLMS 样本进行识别,无需信道等先验信息,较现有算法更适用于非协作通信。该方法将深度学习引入 STBC-OFDM 识别领域,为后续基于神经网络的 STBC-OFDM 信号识别奠定了坚实基础,其特征转化与网络构建思路可为其他复杂信道编码方式的识别提供借鉴。

1.4 本书的结构安排

本书针对空时分组码的盲识别关键技术中的 STBC、SFBC-OFDM 和 STBC-OFDM 识别问题展开深入研究,循序渐进,由浅入深。主要研究内容如下：

第 1 章介绍了空时-频编码识别技术的发展脉络和研究意义，重点分析了 STBC、SFBC-OFDM 和 STBC-OFDM 三种主流空间编码方式的研究现状，总结了现有方法存在的缺陷。

第 2 章详细阐述了空时分组码和深度学习的基础理论。首先介绍了空间分集的发展历程和技术优势，并详细说明了最早出现的空时分组码——Alamouti（AL）码的编码结构和功能特性，在此基础上，进一步抽象到一般 STBC 的编码规则。其次介绍了深度学习模型中应用最广泛的卷积神经网络的基本模块及原理，并说明了用于分类识别的一般神经网络架构的层级搭配。最后对循环层、add 层、concatenate 层等扩展模块的基本原理进行了介绍。

第 3 章介绍了低信噪比下 STBC 信号的盲识别问题。首先结合空时分组码的基本理论，给出了空间编码领域核心的 STBC 通信系统传输模型；然后对适合于 STBC 识别的经典深度学习模型进行了探索，以接收端时域信号 I/Q 数据拼接成的 $2 \times N$ 维矩阵为输入样本，介绍了 CNN-BC、ResNet 和 CNN-LSTM 具有优良识别性能的模型架构；在此基础上，进一步介绍了基于多模态特征融合网络的识别算法，给出了模型搭建的具体步骤，并对以上几类神经网络的识别性能和计算复杂度进行了综合对比。

第 4 章介绍了非时钟同步条件下 SFBC-OFDM 信号的识别问题。首先结合 SFBC-OFDM 信号的实现原理，对 SFBC-OFDM 信号的编码步骤进行了说明；其次给出了时频域特征降噪及预处理的具体流程，以克服非时钟同步导致的峰值边缘化问题，为深度学习模型获取优良的识别样本；最后介绍了基于深度多级残差网络的识别系统，给出了完整的识别流程和实现方法，并与现有算法的识别性能进行了对比，以验证本书方法的优越性。

第 5 章研究了恶劣信道环境下 STBC-OFDM 信号的盲识别问题。首先简要地介绍了与本书工作相关的频谱分析、多尺度扩张卷积和注意力机制的研究背景;其次给出了 STBC-OFDM 信号的传输模型,对四阶滞后矩谱的提取流程进行了详细推导;最后介绍了注意力引导多尺度扩张卷积网络模型,并对本书介绍的 FOLMS/AMDC-net 识别系统的性能进行了分析与对比,以验证采用多尺度特征和注意力引导的有效性。

第 6 章为总结与展望。对本书的研究成果进行了简要的总结,并对未来的研究方向进行了展望。

本书针对空时-频分组码识别问题展开研究,结构框图如图 1-1 所示。

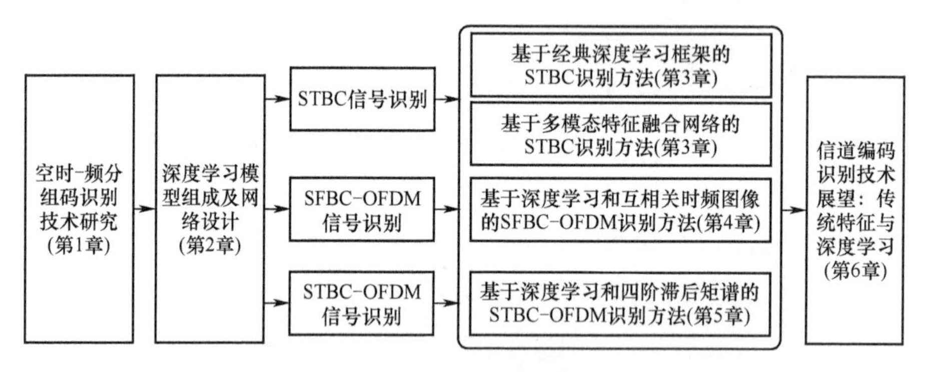

图 1-1　本书结构框图

第 2 章　空时分组码与深度学习的基础理论

本章主要阐述空时分组码相关的基础理论以及其涉及的深度学习技术,分别对空间编码及深度学习的基础理论进行概述,介绍空时分集技术的发展历程、基本空时分组码——Alamouti 编码的信号模型和一般 STBC 的信号模型,详细说明了卷积层、池化层、全连接层、循环层以及注意力机制等常用深度学习框架的基本原理,以方便后续章节内容的阅读与理解。

2.1　空时分组码基础理论

2.1.1　空时分集技术

从无线通信技术的诞生开始,提高传输信号的可靠性就是一个永恒不变的主题。多输入多输出通信系统能够通过增加收发天线数量来提升通信系统传输的可靠性,已被定义为 5G 无线通信系统的重要组成部分。多天线技术的发展衍生出许多基于 MIMO 系统的编码方式,如空时分组码、空时格形码、分层空时码、差分空时码与级联码等,作为 MIMO 系统中最常用的一种编码类型,空时分组码基于分集技术,能够在时间交织与纠错编码上为通信系统提供显著的性能改善,从而有效克服多径衰落现象。值得说明的是,空时分组码因需要在多散射体的条件下进行传输,故应适当增加发射端或接收端天线之间的距离,以保证传输信号之间的独立性。

天线分集技术具体又包含发射分集与接收分集，主要通过在通信系统的发射和接收端采用多天线来获得性能增益。实际上，采用天线分集同样会增加通信设备的成本，但即便如此，通过增加发射基站的天线数量来获取增益依然具有诸多优势。发射端信号的增强可在接收用户通信成本不变的情况下提升区域内所有用户的通信质量，并且不需要估计信道信息和通过反馈机制进行信道校正，这些性质使其在实际通信场景中更易于实现和维护。基于空时分集技术，空时分组码在多天线上的不同时间周期内利用时空域的相关性进行编码，是一种可显著改善接收端译码性能、信号传输速率和通信系统传输容量的有效编码方式。

2.1.2 Alamouti 编码模型

1999 年，Siavash Alamouti 介绍采用两根天线进行通信传输的最基本的 STBC，即 Alamouti 码。以双发单收的通信系统为例(虽然 STBC 需要多个发射天线，但并不是必须要有多个接收天线，即便这样确实能提高系统性能)，从信源发送的比特流首先进行调制得到信号 s_0 和 s_1，再经由编码器进行如下编码：

$$\boldsymbol{S} = \begin{bmatrix} s_0 & s_1 \\ -s_1^* & s_0^* \end{bmatrix}^{\mathrm{T}} \tag{2-1}$$

式中：s_0^* 为 s_0 的共轭；$[\cdot]^{\mathrm{T}}$ 表示转置。假设 h_0 与 h_1 分别为两根发射与接收天线之间的信道系数，则接收端前两个信号可表示为

$$y(0) = h_1 s_0 + h_2 s_1 + n_0 \tag{2-2}$$

$$y(1) = -h_1 s_1^* + h_2 s_0^* + n_1 \tag{2-3}$$

式中：n_0 和 n_1 为前两个时刻的噪声。该 AL 码通信系统具有以下特性：

空时特性：Alamouti 码的传输信号经由 2 根天线发射，前一时刻发射 s_0 和 s_1，然后为 $-s_1^*$ 和 s_0^*，由编码矩阵可知，AL 码在时间域和空间域上进行

编码,因此具有空时特性。

正交特性:Alamouti 码各个发射天线的信号之间正交,其编码矩阵满足:

$$\boldsymbol{S}\boldsymbol{S}^{\mathrm{H}}=\begin{bmatrix}|s_0|^2+|s_1|^2 & 0\\ 0 & |s_0|^2+|s_1|^2\end{bmatrix}=(|s_0|^2+|s_1|^2)\boldsymbol{I}_2 \quad (2\text{-}4)$$

式中: $[\cdot]^{\mathrm{H}}$ 为共轭转置。Alamouti 码的正交特性不仅能获得最大的分集增益,还可以降低识别和译码的复杂度,从而进一步扩展了其应用范围。

2.1.3　一般 STBC 编码模型

Vahid Tarokh 在 Siavash Alamouti 工作的基础上,进一步扩展到更一般的编码方式,介绍了结合空时分集技术与正交编码的 STBC 编码模型,其结构如图 2-1 所示。

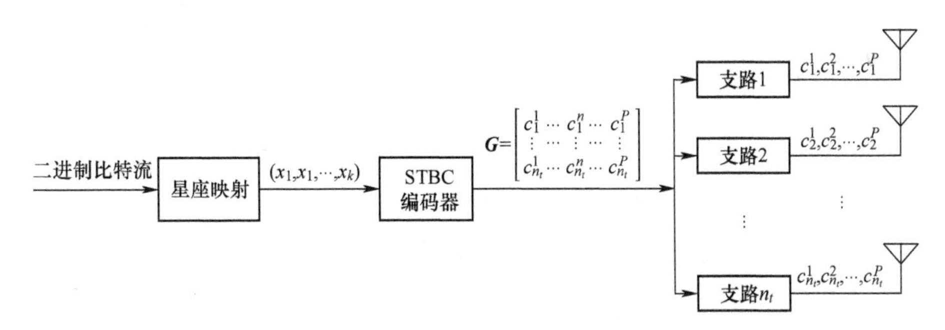

图 2-1　空时分组码编码模型

与 Alamouti 码相类似,一般的 STBC 信号也是首先将信源的比特流进行调制,然后再进行空时编码,将编码后的信号经由 n_t 个发射天线发送,但一般 STBC 信号的发射天线数更多,且编码矩阵也更为复杂多样。按照矩阵 $\boldsymbol{G}$ 对 k 个调制信号 $(x_1,x_2,\cdots,x_k)$ 进行编码,元素 $c_i^n(i=1,2,\cdots,n_t;n=1,2,\cdots,P)$ 为信号 $(x_1,x_2,\cdots,x_k)$ 及其共轭的线性组合。编码矩阵 $\boldsymbol{G}$ 内的元素 c_i^n 经由 n_t 个发射天线按列发送,持续 P 个时刻。

与 Alamouti 码相同,一般 STBC 编码矩阵也满足正交性:

$$G^{\mathrm{H}}G = (|x_1|^2 + |x_2|^2 + \cdots |x_k|^2) I_{n_t} \tag{2-5}$$

除 Alamouti 码外,其他较常用的空时分组码如下。

3 × 4 维的 STBC 编码矩阵:

$$G = \begin{bmatrix} s_1 & -s_2^* & s_3^* & 0 \\ s_2 & s_1^* & 0 & -s_3^* \\ s_3 & 0 & -s_1^* & s_2^* \end{bmatrix} \tag{2-6}$$

$$G = \begin{bmatrix} s_1 & 0 & s_2 & -s_3 \\ 0 & s_1 & s_3^* & s_2^* \\ -s_2^* & -s_3 & s_1^* & 0 \end{bmatrix} \tag{2-7}$$

3 × 8 维的 STBC 编码矩阵:

$$G = \begin{bmatrix} s_1 & -s_2 & -s_3 & -s_4 & s_1^* & -s_2^* & -s_3^* & -s_4^* \\ s_2 & s_1 & s_4 & -s_3 & s_2^* & s_1^* & s_4^* & -s_3^* \\ s_3 & -s_4 & s_1 & s_2 & s_3^* & -s_4^* & s_1^* & s_2^* \end{bmatrix} \tag{2-8}$$

2.2 深度学习模型的基本组成

1998 年,Yann Lecun 教授介绍了经典的 LeNet-5 网络模型,形成了卷积神经网络(Convolutional Neural Network,CNN)的雏形。LeNet-5 致力于解决手写数字识别问题,如图 2-2 所示,其基本结构由包含卷积层、池化层和全连接层在内的共 6 个网络层搭建形成,该模型为美国绝大多数邮局和银行最广泛采用的手写数字识别系统之一。更进一步,Geoffrey Hinton 教授于 2012 年介绍了 Alexnet 网络模型,该网络在比赛中以绝对优势(误差率 15.3% vs. 26.2%)取得 Imagenet 图像识别大赛冠军,引发了深度学习算法在图像识别问题中的研究热潮,并进一步扩展到整个计算机视觉(Computer Version,

CV)领域。本节将首先介绍深度学习方向最主要的网络结构——卷积神经网络的基本组成,并进一步扩展到残差层、循环层、add 层与 concatenate 层和注意力机制等经典神经网络的组成模块。其中,卷积神经网络的基本组成包括卷积层、池化层和全连接层,卷积层实现对图像特征的提取,后接池化层进行降采样以缩减模型参数,全连接层则一般处于网络后端,起到"分类器"的作用。通过残差层、循环层等扩展模块与基础的卷积层等模块相组合,能够构造出更适合空时-频分组码识别的网络架构,进一步拓展可识别的信号类型与适用场景。

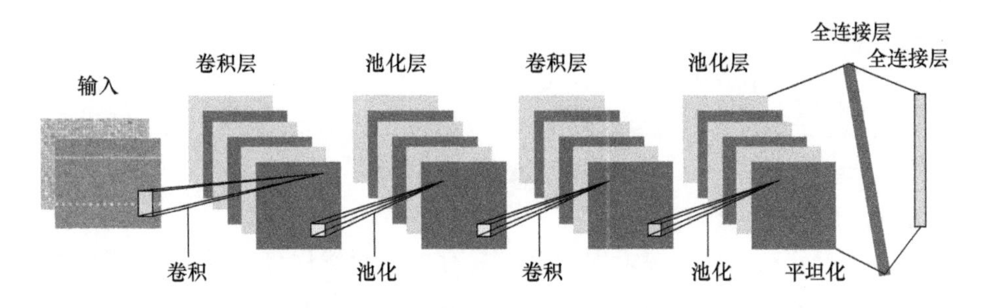

图 2-2　早期卷积神经网络结构

2.2.1　卷积层

在图像处理领域的卷积操作源于空间滤波的概念,通过在图像空间几何变量域上直接修改或抑制图像数据,以实现提升图片质量、去除高频噪声与干扰的目的,是一维卷积操作的扩展。卷积层提取图像特征的流程如图 2-3 所示,卷积核(也可称为滤波器)"平铺"在图片上并按步长大小依次滑动,每次滑动将当前位置的像素点与卷积核权值相乘并求和,然后与卷积层偏置相加作为该步的输出。该图展示的是采用 3×3 维卷积核处理 5×5 维特征图的运算过程,卷积核采用的步长为 2,输出的特征图尺寸为 2×2。结合卷积操作过程的相关原理,输出图像维度的计算公式可表示为

$$I_o = (I_i - F + 2P)/S + 1 \tag{2-9}$$

式中：I_i 和 I_o 分别为输入和输出特征图的维度；S 为卷积核移动的步长；P 表示采用填充(padding)的大小；F 为卷积核尺寸。在设计网络各卷积层参数时，可通过选择填充方式(padding="same"或"valid")对特征图尺寸进行调节。

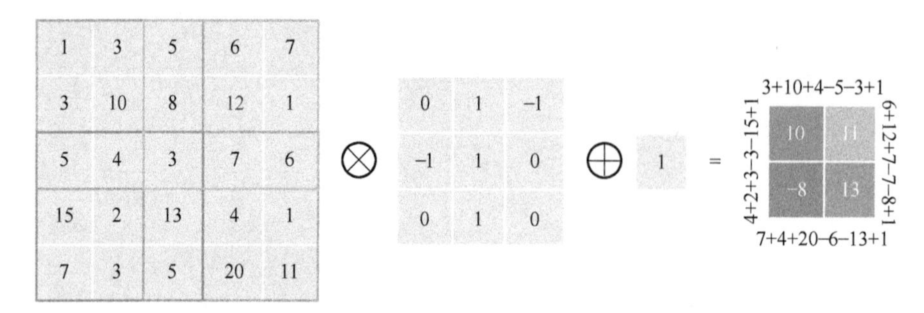

图 2-3　卷积操作示意图

卷积操作在处理图像识别问题时具有一个天然优势，因视觉图像的特征往往集中分布，相邻像素点的信息关系更密切，故采用卷积操作可有效地感知图像的局部信息，然后可进一步利用深层卷积提取高维综合特征。在卷积神经网络中，卷积层主要有 3 个优点：①卷积核具有局部特征参数共享机制，大大减少了待训练参数量；②卷积层通过学习可构建输入图像与输出特征之间的拓扑结构，理论上可以拟合高维的复杂非线性关系；③多卷积层叠加可使网络学习到更丰富的特征表示。在考虑多层卷积时，设 $\boldsymbol{x}_j^l$ 为第 l 个卷积层的第 j 个特征图，则第 l 个卷积层可表示为

$$\boldsymbol{x}_j^l = f\left(\sum_{i \in M^{l-1}} \boldsymbol{x}_i^{l-1} \boldsymbol{k}_{ij}^l + \boldsymbol{b}_j^l\right) \tag{2-10}$$

式中：$\boldsymbol{x}_i^{l-1}$ 为上一个卷积层的第 i 个特征图；$\boldsymbol{k}_{ij}^l$ 和 $\boldsymbol{b}_j^l$ 为第 l 个卷积层的第 j 个特征图的权值和偏置；$f(\cdot)$ 为第 l 个卷积层的激活函数。

2.2.2　池化层

在构造卷积神经网络时，池化(Pooling)层往往作为承接两个卷积层的中间层出现，是 CNN 中的关键一环，其提取图像特征的一般步骤为：首先对上一层的输出特征图进行卷积操作，以生成本层映射特征，其次将映射结果输入选取的激活函数，并最终经由池化操作输出该卷积-池化层的映射特征。池化操作在图像处理问题中同样具有现实意义，在采用卷积操作获取图像的局部特征后，有时并不需要保留其精准的位置信息，过于注重图像的无关细节信息反而可能导致网络资源的浪费，了解图像各主要特征之间的相对位置关系，即可有效把控待识别图像的关键信息。相比于卷积操作，池化层具有以下 3 个特点：①池化层不包含待学习参数，只是从局部区域获取映射特征的平均值或最大值，因此在计算过程中占用的资源较少；②不会改变输入特征的通道数(特征图数量)，仅缩小特征图维度；③由于池化层对特征图的局部区域进行子抽样，即便输入特征存在细微偏差，池化操作仍会输出相同的数值，使得网络具备较强的鲁棒性。

池化操作可以快速降低特征图尺寸和位置精度，削弱网络对输入图像可能存在的偏移、失真等问题的敏感性，进而提升映射特征的全局性和泛化性，其具体过程可表示为

$$\boldsymbol{x}_j^l = \mathrm{pool}(\boldsymbol{x}_j^{l-1}) \tag{2-11}$$

式中：$\boldsymbol{x}_j^{l-1}$ 为第 $l-1$ 层输出的第 j 个特征图；$\mathrm{pool}(\cdot)$ 为池化方法。常用的池化方法包括平均池化和最大池化。图 2-4 为池化过程的示意图，其中，图 2-4(a)采用 2×2 的池化窗口对 4×4 维的特征图进行最大池化，池化窗口滑动的步长为 2，图 2-4(b)采用 3×3 的池化窗口对 4×4 维的特征图进行平均池化，池化窗口滑动的步长为 1。在两种池化方式中，最大池化因计算过程更为简便而在计算机视觉领域的应用更为广泛。

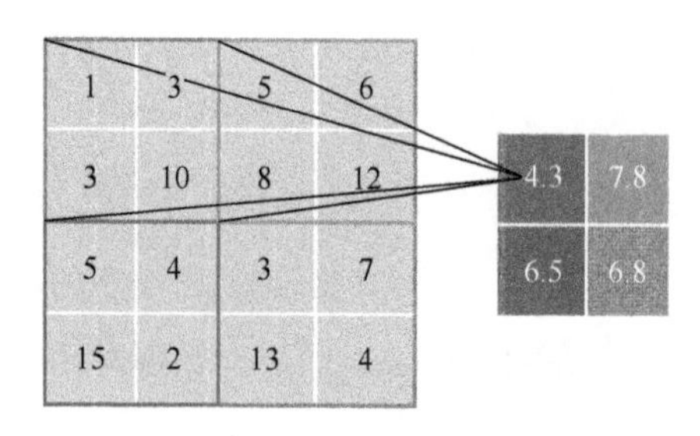

（a）平均池化

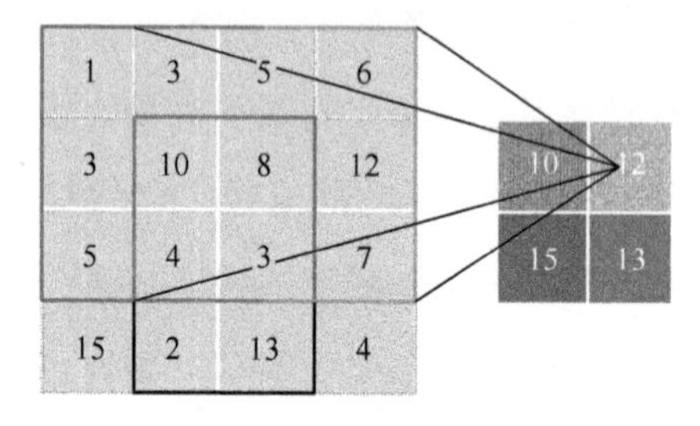

（b）最大池化

图 2-4 池化操作示意图

2.2.3 全连接层

全连接层的所有神经元均与上一层的神经元进行连接，因此，其在各类网络层中往往具有更多的神经元连接和训练参数。实际上，全连接层是最接近早期人工神经网络构造的网络模型，其结构如图 2-5 所示。在 CNN 出现后，全连接层在整个网络中常起到“分类器”的作用，并结合 Softmax 激活函数共同使用。针对图像识别问题，全连接层一般位于网络的末端，最后一层的神经元个数与图像类别数相同，并与 Softmax 激活函数配合使用，起到了将卷积层学习到的隐层特征映射到样本标记空间的作用。在实际构造卷积神经网络时，因全连接层参数冗余(层与层之间所有神经元都有连接)，应尽量减少全连接层的神经元个数，或采用其他网络层来代替该结构。

与卷积层和池化层不同，全连接层处理的是一维数据而非图像，因此在

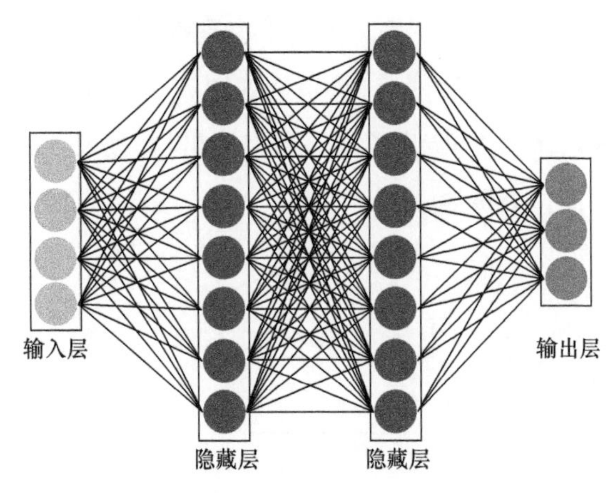

图 2-5　早期全连接层神经网络结构图

衔接卷积-池化部分与全连接层时，需要使用 flatten 函数首先进行平坦化，再利用矩阵乘法输出结果，其具体公式为

$$\boldsymbol{x}^l = f(\boldsymbol{W}^l \boldsymbol{x}^{l-1} + \boldsymbol{b}^l) \tag{2-12}$$

式中：$\boldsymbol{x}^{l-1}$ 为平坦化后的一维特征向量；$\boldsymbol{x}^l$ 为全连接层输出的特征向量；$\boldsymbol{W}^l$ 和 $\boldsymbol{b}^l$ 为该层的待学习权值与偏置；$f(\cdot)$ 为激活函数。

2.2.4　残差层

2015 年，何恺明团队提出了带有跨越连接的深度残差网络，在 ImageNet 图像识别大赛中获得了第一名。残差学习主要被用来解决因网络层数增加而导致的退化问题，虽然理论上更多的卷积层可以拟合任意复杂的非线性函数，并给网络带来更好的性能，但实际上随着网络层数的增加，常常会伴随着以下 3 个问题：①所需计算资源的大幅提升；②训练参数过多导致过拟合；③梯度消散（Degradation Problem）问题的产生。前两个问题可用 GPU 加速和正则化有效解决，但在实验中的梯度消散问题却对网络性能造成了极大影响。当网络深度到达一定程度时，模型的训练损失和测试损失反而会增大，使模型无法有效收敛，这相当于给网络的性能设定了一个“天花板”。

何恺明等在原有两层卷积的基础上增加了恒等映射，构成残差单元，以解决因层数增加导致的梯度消散问题，其结构如图 2-6 所示。跨越连接使映射特征能够进行跨层流动，并实现了浅层网络输出与深层网络输出的融合，从而使得信息前后向传播更加顺畅。

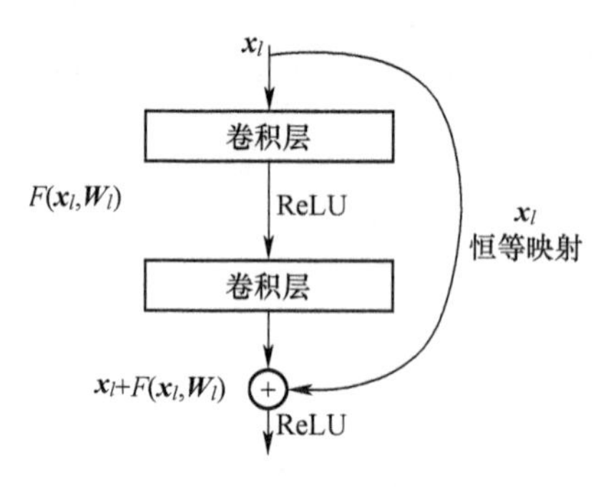

图 2-6　残差单元结构图

从严格意义上讲，残差层并不是一种基本的网络层，而是由图 2-6 展示的卷积层+恒等映射结构组成。但在构造残差网络(Residual Network, ResNet)时，往往将残差单元作为基本模块进行层级叠加，当采用多个残差单元堆叠时，第 l 个残差单元可用以下公式表示：

$$\boldsymbol{y}_l = h(\boldsymbol{x}_l) + F(\boldsymbol{x}_l, \boldsymbol{W}_l) \tag{2-13}$$

$$\boldsymbol{x}_{l+1} = f(\boldsymbol{y}_l) \tag{2-14}$$

式中：$\boldsymbol{x}_l$ 和 $\boldsymbol{x}_{l+1}$ 分别为第 l 个残差单元的输入和输出；$F(\cdot)$ 为残差映射函数；$h(\cdot)$ 为跨越连接的映射函数，在恒等映射下 $h(\boldsymbol{x}_l)=\boldsymbol{x}_l$；$f(\cdot)$ 为线性整流激活函数。通过对残差单元的叠加，深度残差网络的性能可随着网络层数的增加而稳定提升，从而降低了网络结构的设计难度。

2.2.5　相加层和拼接层

何恺明提出的残差网络采用相加(add)操作叠加恒等映射与卷积层输出，使网络特征实现了跨层流动，增强了模型的紧密性。在此基础上，黄高等在 2017 年的计算机视觉与模式识别顶会上，介绍了具有更强特征复用能力的稠密卷积网络，并使模型的紧密程度进一步显著增强，再次削弱了梯度消散问题给网络训练带来的影响。

ResNet 与 DenseNet 的核心思想都是通过增强特征利用率和模型紧密度，以减轻因深度增加导致的梯度消失问题，但两者的本质区别在于采用的特征融合方式不同：ResNet 采用相加操作，而 DenseNet 使用拼接（concatenate）操作，图 2-7 为两种信息融合方式的示意图。

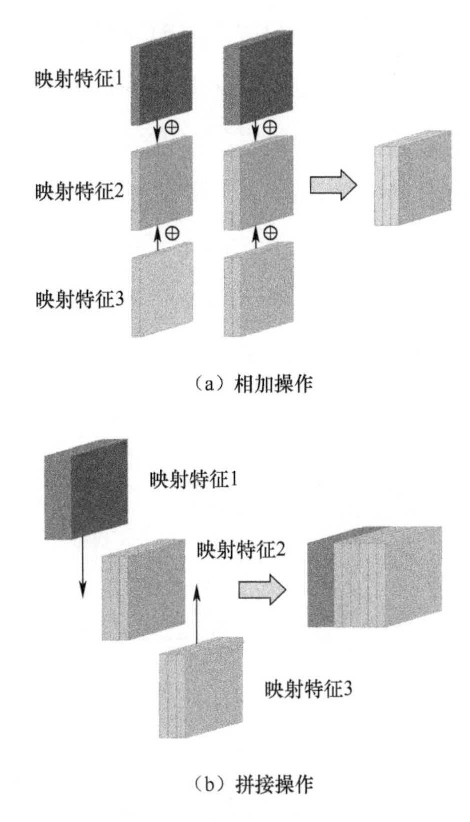

（a）相加操作

（b）拼接操作

图 2-7　相加操作和拼接操作示意图

从示意图可以直观地看出，相加操作实现的是各通道特征图参数的依次叠加，不改变各组映射特征的维度；拼接操作不进行数值计算，保留各组特征信息,仅将所有特征图按通道维进行合并,输出的通道数为各组映射特征通道数之和,这种融合方式使得所有的特征信息均能有效留存,避免了在相加操作过程中可能因信息叠加而导致的细节特征丢失的问题,进一步提升了映射特征的利用率。值得注意的是,两种信息融合方式都要求映射特征的维度相同,在通道数和特征图尺寸相同的情况下才能进行融合。

2.2.6 循环层

前文介绍的残差层、拼接层等深度学习模块都是在 CNN 兴起之后被提出并广泛应用的,其应用领域也主要是基于卷积神经网络的相关模型,而对循环神经网络的研究则是单独进行并展开的。20 世纪八九十年代,Michael I. Jordan 介绍了 Jordan 网络,引入反向传播算法进行模型训练,形成了循环神经网络(Recurrent Neural Network,RNN)的雏形。在此基础上,Jeffrey Elman 介绍了第一个基于全连接的循环神经网络,同样将单层前馈神经网络的神经元按链式构建递归连接,形成了简单循环神经网络,其基本循环单元结构如图 2-8 所示。

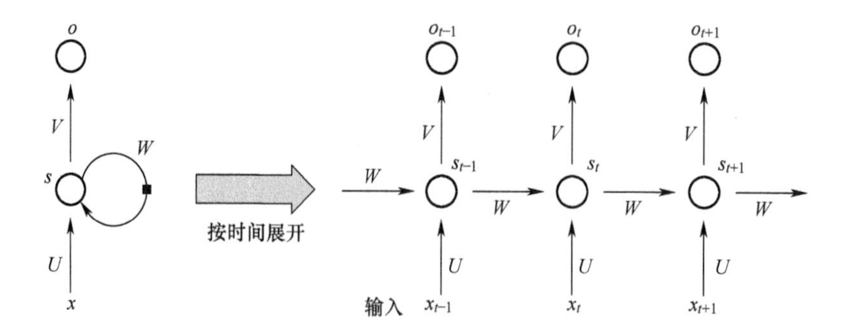

图 2-8 循环单元结构示意图

与 CNN 不同的是,RNN 因增加了记忆单元以储存时序信息而具有“记忆性”,神经元的当前状态 s_t 由上一时刻的状态 s_{t-1} 与当前输入 x_t 共同决

定,当前时刻的输出为

$$o_t = g(Vs_t) \tag{2-15}$$

$$s_t = f(Ux_t + Ws_{t-1}) \tag{2-16}$$

式中:$g(\cdot)$ 和 $f(\cdot)$ 分别为输出激活函数和状态激活函数。在反向传播算法出现之后,Paul Werbos 结合 RNN 介绍了通过时间的反向传播算法[28],解决了在 BP 框架下的循环神经网络训练问题。

SimpleRNN 因在 BP 过程中存在持续的乘法积累,导致在对长序列学习时会出现梯度消散和梯度爆炸问题,因而训练效果较差。包含门控单元的长短期记忆(Long Short-Term Memory,LSTM)网络对跨越多时间步的信息进行存储,有效地解决了信息的长期依赖问题,缓解了梯度消散和梯度爆炸。在 LSTM 网络提出的同年,M. Schuster 提出了具有深度结构的双向循环神经网络(Bidirectional RNN, Bi-RNN),Bi-RNN 与 LSTM 均采用了门控单元对循环过程进行调节,提升了 RNN 的训练效果,在自然语言处理等非线性序列处理问题中被广泛应用,两者均为循环神经网络的典型代表。

值得说明的是,虽然本节介绍的是循环神经网络的内容,但循环层的基本原理与 RNN 是一致的。作为 RNN 的基本结构,采用循环层的概念更利于将各种深度学习模块相统一,并且在实际构造神经网络的过程中,包括循环层在内各模块都是以网络层的形式嵌入模型中,更利于模型框架构造的一致性。

2.2.7　注意力机制模块

注意力机制(Attention Mechanism, AM)通过快速对全局图像进行扫描,获得有利于信息判断的重点区域,以便对该区域投入更多的计算资源,抑制其他无关信息。2014 年,Google Mind 团队[29]将注意力机制引入图像识别领域,进一步引发了对 AM 的研究热潮。在随后的 2015 年,Bahdanau 博士提出了基于注意力机制的编码器-解码器模型,首次将注意力机制应用到自然语言处理领域,使生成的每一个目标词汇翻译和对齐到源语言当中,显著地提升了机器翻译的准确性,其模型原理如图 2-9 所示。

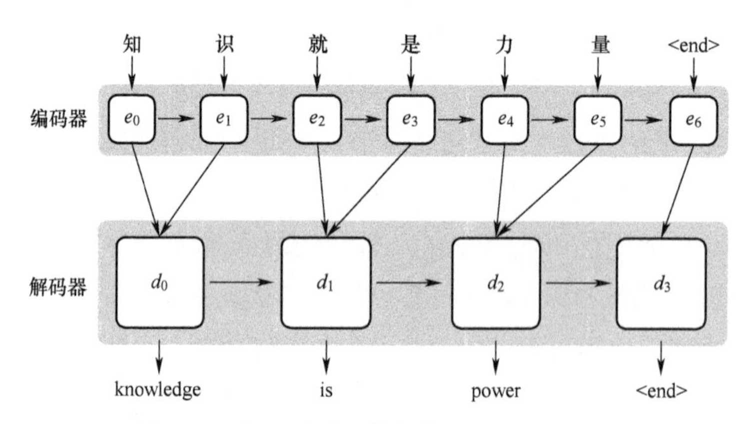

图 2-9　引入注意力机制的编码器-解码器模型

传统的编码器-解码器模型在机器翻译问题中存在两大技术难点。一是编码器需要将整个源序列读取为固定长度的编码,因而当输入源序列较长时会因压缩过度导致信息丢失。二是传统模型无法对源序列和目标序列进行对齐翻译,这使得目标词汇与源词汇在含义上可能存在较大偏差。图 2-9的模型则有效地克服了这些缺陷,利用注意力机制可使源语言的每个词汇与目标词汇建立连接(例如,图 2-9 中,“知”“识”与“knowledge”建立了联系;“就”“是”与“is”建立了联系),并构建源语言与目标语言的相关性矩阵,通过模型训练来自动学习注意力权重,从而建立两种语言之间的映射关系。自适应的相关性矩阵权重使得编码器解除了固定长度的限制,并使源词汇可与含义相同的目标词汇自动对齐,从而有效解决了传统模型长度固定和时间步不一致的问题。目前,注意力机制已成为深度学习模型的重要组成部分,并逐步扩展到卷积神经网络等典型神经网络框架中,在包括自然语言处理(Natural Language Processing,NLP)在内的统计学习、计算机视觉等领域有着广泛应用。

2.2.8 激活函数层

作为神经元的重要组成部分,激活函数负责与权值、加法器共同作用,以输出映射特征。激活函数的加入使神经元可进行非线性拟合,从而避免了采用线性函数仅能拟合输入特征线性组合结果,无法表征复杂非线性函数的缺陷,这对于人工神经网络学习输入输出之间的非线性关系具有重要意义。

常用的激活函数包括 Sigmoid 函数、tanh 函数和 ReLU 函数。其中,tanh 和 Sigmoid 激活函数$\left(\sigma(x)=\dfrac{1}{1+\mathrm{e}^{-x}}\right)$的曲线如图 2-10 所示,两种函数的输出值限定在了(0,1)和(-1,1)之间,能够较好地模拟神经元对输入特征的反馈机制,且曲线平滑而易于求导,常用于 LSTM 网络的各种控制门以平衡长期和短期记忆单元权重。

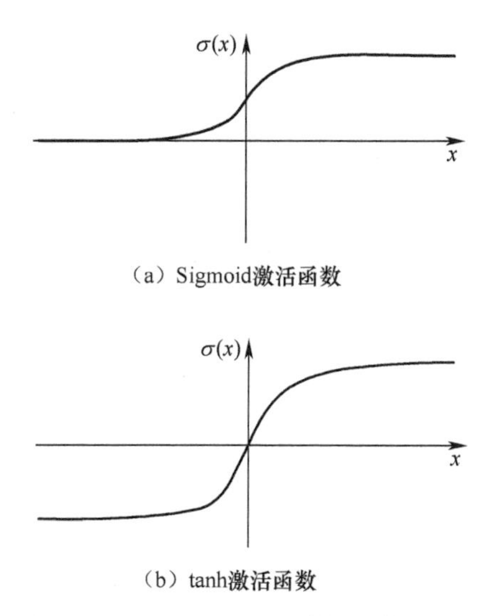

图 2-10　Sigmoid 和 tanh 激活函数示意图

ReLU 激活函数具有更简洁的运算流程,因此能够削减模型计算量,提升收敛速度,其函数图像如图 2-11 所示。ReLU 函数在非负区间的收敛速度维持在稳定状态,从而避免了在函数接近饱和区时,因变化太慢而导致的信息丢失问题,显著地缓解了梯度消散现象,较 Sigmoid 和 tanh 函数更适合于深层卷积网络的训练。

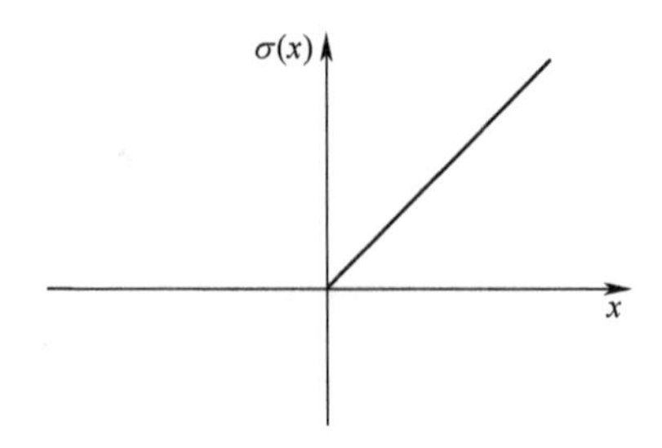

图 2-11　ReLU 激活函数示意图

第3章 基于多模态特征融合网络的STBC识别算法

3.1 引 言

空时分组码识别在军用和民用通信领域具有重要作用，是通信信号识别领域的一个重要研究课题[17]。近年来，电磁环境与信息化技术日益密集化、复杂化，传统基于特征提取与阈值决策的STBC识别方法，已不能满足实际通信环境中精准快速识别的现实需求。依据STBC自身编码方式差异，传统算法获取能够反映信号本质信息的统计特征，如循环统计特征[18]、高阶统计特征[12-15]和虚拟信道相关矩阵特征[30]等，但需要人为提取特征和设置检验阈值，存在调参过程复杂、对噪声较敏感等问题。因此，如何在信号衰减较大的低信噪比条件下识别空时分组码具有重要意义。

近年来，伴随着深度学习技术在计算机视觉领域的快速发展，得益于GPU并行运算能力的提升，深度学习模型以其对海量数据的强大映射能力而获得了更强的分类性能。结合该技术的性能优势，国内外学者逐步将其应用于通信信号处理领域[31-37]。文献[33]利用卷积神经网络对OFDM信号的自相关灰度图像进行特征提取，以实现OFDM信号频谱感知。在调制识别领域，文献[34]创造性地将深度学习技术应用于通信信号调制识别，介绍了一种基于CNN的调制识别方法，实现了包括模拟和数字调制在内的多种调制方式，并在低信噪比下取得了较好的识别性能。文献[35]引入卷积加长短时记忆网络(Cnvolutional Long Short－term Deep Neural Networks, CLDNN),通过将多个时间步内的信号特征进行融合,进一步提升了模型的识别精度。文献[36]以信号的实部和虚部数据等分别构建用于神经网络学习的样本集,利用卷积神经网络完成了 ISM 频段的信号识别。文献[37]在文献[34]的基础上,介绍了基于 VGG 和 ResNet 网络的深度 CNN 结构,将可识别的调制信号类型扩展到了 24 种,并在通用无线电硬件平台上实现了识别测试,在频偏和多径衰落的影响下取得了较好的识别性能。在雷达辐射源识别领域,现有算法常采用 CWD 时频变换将时域信号变为时频图像,构建深度学习模型实现辐射源信号识别[38-41]。相对于传统信号识别算法,深度学习算法具有无需人工提取特征、模型自学习能力强和数学分析较少等特点,但因信号的自身特征与视觉图像在本质上有较大区别,因此如何构建符合信号本质特征的网络框架,是深度学习应用于通信信号处理问题的关键所在。

本章在现有空时分组码识别算法的基础上,借鉴其他通信信号识别领域中成功应用的深度学习案例,对基于深度学习的 STBC 识别方法进行了深入研究和探索。首先介绍了基于经典深度学习框架的 STBC 识别算法,将接收端时域 STBC 信号的 I/Q 数据拼接成 $2 \times N$ 维矩阵作为输入样本,采用几种经典的深度学习模型对 STBC 样本进行识别,并结合空时分组码自身编码特点对网络结构进行了一定的改进。而后,进一步结合不同 STBC 编码矩阵相关性差异,介绍了一种基于多模态特征融合网络(Multi－Modality Features Fusion Network, MMFFN)的 STBC 识别算法,对多时延、多时序特征进行融合与学习。

本章的内容安排如下:3.2 节介绍了空时分组码的信号模型;3.3 节介绍了在基于深度学习的 STBC 方法初探中成功应用的几类经典的模型框架,网络设计以其他通信信号的深度学习案例为切入点,结合空时分组码自身编码特点进行适应性改进,并对算法的性能进行了对比测试;3.4 节介绍了基于多模态特征融合网络空时分组码识别算法,对多时延特征自提取、多时序特征自提取与最大时延特征融合模块进行了详细介绍,并对网络的性能和仿真结果进行了测试与分析;3.5 节对本章的所有内容进行了总结。

3.2 信号模型

3.2.1 空时分组码通信系统

考虑具有 n_t 个发射天线和 n_r 个接收天线的空时分组码通信系统,其结构如图 3-1 所示。传输符号经调制后进行 STBC 编码,依据编码矩阵 $\boldsymbol{G}^C(\boldsymbol{X})$ 将串行数据流 $\boldsymbol{X}=[x_1,x_2,\cdots,x_{N_s}]$ 编码成 $N_t\times L$ 维矩阵,使得 N_s 个传输符号通过矩阵 $\boldsymbol{G}^C(\boldsymbol{X})$ 编码成 N_t 个长度为 L 的并行数据流,并经由 N_t 个发射天线进行传输。

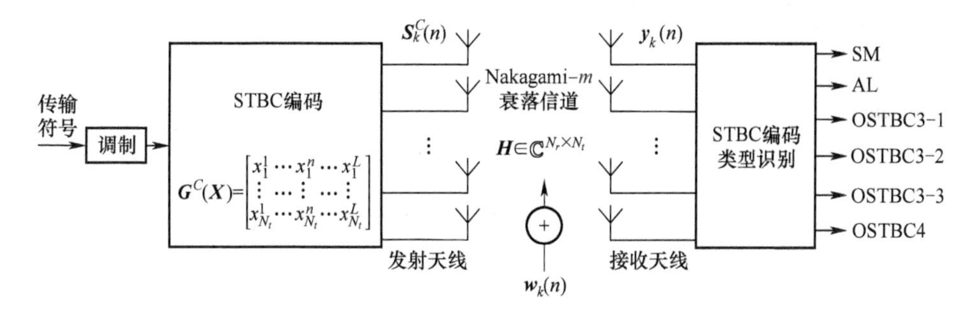

图 3-1　空时分组码通信系统示意图

为更接近真实的无线通信信道传输环境,本章选取了 STBC 通信系统仿真中常用的 Nakagami-m 信道模型[14]。发射信号经 $N_r\times N_t$ 维衰落信道矩阵 $\boldsymbol{H}$ 传输和噪声 $\boldsymbol{w}_k(n)$ 干扰后由 N_r 个接收天线接收:

$$\boldsymbol{y}_k(n)=\boldsymbol{H}\boldsymbol{S}_k^C(n)+\boldsymbol{w}_k(n) \tag{3-1}$$

式中:$\boldsymbol{S}_k^C(n)$ 表示编码矩阵 $\boldsymbol{G}^C(\boldsymbol{X})$ 第 k 列的发射信号,该信号列向量由 N_t

个不同的发射天线在同一时刻发送，C 为 STBC 编码类型；$\boldsymbol{w}_k(n)$ 表示均值为 0、方差为 σ_w^2，且与传输信号 $\boldsymbol{X}$ 独立的高斯白噪声；$\boldsymbol{H}$ 为 $N_r \times N_t$ 维衰落信道矩阵，具体表示为

$$\boldsymbol{H} = \begin{bmatrix} h_{1,1} & \cdots & h_{1,j} & \cdots & h_{1,N_t} \\ \vdots & & \vdots & & \vdots \\ h_{i,1} & \cdots & h_{i,j} & \cdots & h_{i,N_t} \\ \vdots & & \vdots & & \vdots \\ h_{N_r,1} & \cdots & h_{N_r,j} & \cdots & h_{N_r,N_t} \end{bmatrix} \tag{3-2}$$

式中：$h_{i,j}$ 为第 i 个接收天线与第 j 个发射天线之间的信道系数。

3.2.2 STBC 类型的选取

现有基于统计特征的传统识别算法多集中于对 4 类编码矩阵长度不同的 STBC 展开研究[12-15]，这是由于编码矩阵长度相同的 STBC 信号在接收端具有相同的相关性分布，利用其相关性差异构建的统计特征量无明显差异，使得基于统计特征的传统方法失效。本章对包含两组编码矩阵长度相同的 STBC 在内的共 6 类空时分组码进行识别，包括最常用的空间复用（SM）和 Alamouti（AL）码，以及两组易混淆的 STBC3－1 与 STBC3－2、STBC3－3与 STBC4 码，其具体的编码方式如下。

1. SM 信号

发射天线数 $n_s = 2$，码率 $r = 2$，编码矩阵长度为 $L = 1$，依次对信号进行传输，编码矩阵的具体表示为

$$\boldsymbol{G}^{\mathrm{SM}}(\boldsymbol{X}) = [x_1, x_2]^{\mathrm{T}} \tag{3-3}$$

2. AL 信号

发射天线数 $n_s = 2$，码率 $r = 1$，编码矩阵长度为 $L = 2$，则每组 STBC 码可传输的符号数为 $n = 2$，编码矩阵的具体表示为

$$\boldsymbol{G}^{\mathrm{AL}}(\boldsymbol{X})=\begin{bmatrix}x_1 & -x_2^* \\ x_2 & x_1^*\end{bmatrix} \tag{3-4}$$

3. STBC3-1信号

发射天线数 $n_s=3$，码率 $r=3/4$，编码矩阵长度为 $L=4$，则每组STBC码可传输的符号数为 $n=3$，编码矩阵的具体表示为

$$\boldsymbol{G}^{\mathrm{STBC3-1}}(\boldsymbol{X})=\begin{bmatrix}x_1 & 0 & x_2 & -x_3 \\ 0 & x_1 & x_3^* & x_2^* \\ -x_2^* & -x_3 & x_1^* & 0\end{bmatrix} \tag{3-5}$$

4. STBC3-2信号

发射天线数 $n_s=3$，码率 $r=3/4$，编码矩阵长度为 $L=4$，则每组STBC码可传输的符号数为 $n=3$，编码矩阵的具体表示为

$$\boldsymbol{G}^{\mathrm{STBC3-2}}(\boldsymbol{X})=\begin{bmatrix}x_1 & -x_2^* & x_3^* & 0 \\ x_2 & x_1^* & 0 & -x_3^* \\ x_3 & 0 & -x_1^* & x_2^*\end{bmatrix} \tag{3-6}$$

5. STBC3-3信号

发射天线数 $n_s=3$，码率 $r=1/2$，编码矩阵长度为 $L=8$，则每组STBC码可传输的符号数为 $n=4$，编码矩阵的具体表示为

$$\boldsymbol{G}^{\mathrm{STBC3-3}}(\boldsymbol{X})=\begin{bmatrix}x_1 & -x_2 & -x_3 & -x_4 & x_1^* & -x_2^* & -x_3^* & -x_4^* \\ x_2 & x_1 & x_4 & -x_3 & x_2^* & x_1^* & x_4^* & -x_3^* \\ x_3 & -x_4 & x_1 & x_2 & x_3^* & -x_4^* & x_1^* & x_2^*\end{bmatrix} \tag{3-7}$$

6. STBC4信号

发射天线数 $n_s=4$，码率 $r=1/2$，编码矩阵长度为 $L=8$，则每组STBC码可传输的符号数为 $n=4$，编码矩阵的具体表示为

$$G^{\mathrm{STBC4}}(X)=\begin{bmatrix} x_1 & -x_2 & -x_3 & -x_4 & x_1^* & -x_2^* & -x_3^* & -x_4^* \\ x_2 & x_1 & x_4 & -x_3 & x_2^* & x_1^* & x_4^* & -x_3^* \\ x_3 & -x_4 & x_1 & x_2 & x_3^* & -x_4^* & x_1^* & x_2^* \\ x_4 & x_3 & -x_2 & x_1 & x_4^* & x_3^* & -x_2^* & x_1^* \end{bmatrix} \tag{3-8}$$

可以看出,STBC3-1 与 STBC3-2、STBC3-3 与 STBC4 两组空时分组码编码矩阵长度相同,且具有相同的发射天线数、码率和传输符号数,其区别仅在于编码矩阵的内部结构。得益于深度学习技术对海量数据的强大映射能力,该方法可自动学习 STBC 信号的深层内在特征,因而可对包含两组编码矩阵长度相同的 STBC 在内的以上 6 类空时分组码进行识别。

3.3 基于经典深度学习框架的 STBC 识别

在该节中将介绍在经典深度学习框架基础上改进的几种典型的 STBC 识别算法。为探索一种适用于空时分组码识别的深度学习方法,本章从已在通信调制信号识别领域成功应用的 CNN[34]、ResNet[42] 和 CNN-LSTM[43] 网络入手,结合 STBC 编码特点对网络进行设计,将深度学习算法引入空时分组码识别领域。本节首先介绍基于 STBC 相关性的卷积神经网络模型,带有跨越连接的残差网络模型以及引入了长短期记忆层的卷积-循环神经网络模型;而后对算法具体的样本构建方法、网络学习训练过程和算法识别流程进行了说明;最后给出了网络模型性能的测试结果,并对实验结果进行了多角度分析。

3.3.1 CNN-BC 网络

采用卷积神经网络识别 STBC 信号时在低信噪比下存在 SM 和 AL 信号

混叠的问题,两类信号的预测标签与真实标签产生了部分交叉。为解决该混叠问题,本节结合 SM 和 AL 信号的相关性分布差异,从卷积核维度入手对网络结构进行设计,介绍基于相关性的卷积神经网络模型(Convolutional Neural Network Based on Correlation, CNN-BC),以削弱因信号混叠导致的低信噪比下性能衰减。

考虑长度为 K(K 为偶数)的接收序列 $\boldsymbol{y}=[y(0),y(1),\cdots,y(K-1)]$,定义序列 y 在时延向量 $[0,1]$ 下的二阶时延相关函数为

$$R(l)=y(2l)y(2l+1),\quad l=0,1,\cdots,K/2-1 \tag{3-9}$$

进一步可定义其二阶统计量:

$$C=\frac{2}{K-2}\sum_{l=0}^{K/2-1}R(l) \tag{3-10}$$

在时延向量 $[0,1]$ 下,对于 SM 信号,以接收端第 1 个信号 $y^{\mathrm{SM}}(0)$ 和第 2 个信号 $y^{\mathrm{SM}}(1)$ 为例,由式(3-1)和式(3-3)可知,这两个连续时钟信号可表示为

$$y^{\mathrm{SM}}(0)=h_1s_1+h_2s_2+b_0 \tag{3-11}$$

$$y^{\mathrm{SM}}(1)=h_1s_3+h_2s_4+b_1 \tag{3-12}$$

而由发射信号之间独立同分布(即 s_1、s_2、s_3 和 s_4 相互独立)可知:$y^{\mathrm{SM}}(0)$ 与 $y^{\mathrm{SM}}(1)$ 独立。同理,在计算相关函数 $R^{\mathrm{SM}}(l)$ 时,该独立性对任意的 l 成立,因此 SM 接收信号的二阶统计量满足

$$C^{\mathrm{SM}}=0 \tag{3-13}$$

对于 AL 信号,由式(3-1)和式(3-4)可知,接收端连续两个时钟信号可表示为

$$y^{\mathrm{AL}}(0)=h_1s_1+h_2s_2+b_0 \tag{3-14}$$

$$y^{\mathrm{AL}}(1)=-h_1s_2^*+h_2s_1^*+b_1 \tag{3-15}$$

而 s_1 与 s_1^* 互为共轭,故 $y^{\mathrm{SM}}(0)$ 与 $y^{\mathrm{SM}}(1)$ 相关,且此相关性对任意的 1 成立,因此 AL 接收信号的二阶统计量为

$$C^{\mathrm{AL}} = m \tag{3-16}$$

式中:m 为常数。由式(3-13)和式(3-16)可知,由于 SM 和 AL 信号编码矩阵的不同,两类信号在接收端展现出不同的相关性,进而导致其二阶统计量的差异,其相关性分布如图 3-2 所示。

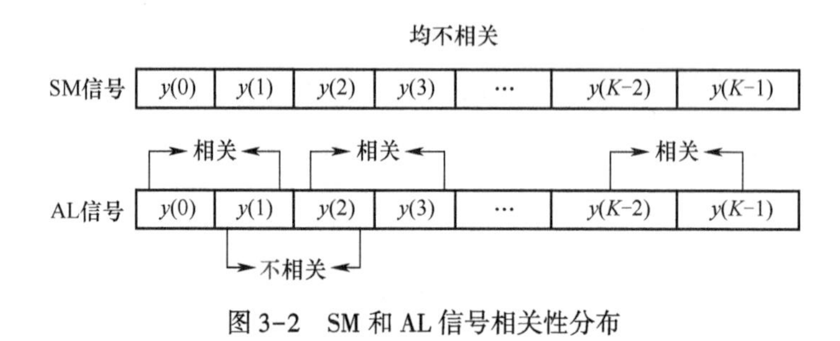

图 3-2 SM 和 AL 信号相关性分布

由图 3-2 可知,采用 1 × 2 维卷积核对 STBC 信号特征进行提取时,由于 SM 和 AL 相关性不同,其卷积得到的深层特征必然呈现出不同的规律。实际上,采用 1 × 2 维卷积核对接收序列 y 进行卷积的过程与计算其在时延向量 [0,1] 下的二阶统计量是相类似的,传统的特征提取算法在识别 SM 和 AL 信号时,也是通过计算其四阶时延统计量实现识别的[12]。但对于时延 $\tau > 1$ 的 AL 信号,其二阶相关函数不再具备相关性,因此长度超过 1 × 2 维的卷积核不具有此区分优势。因此,本节借鉴了特征提取算法的识别原理,对文献[34]的 CNN 网络进行了如下改进:

(1) 将第一个卷积层 C1 的卷积核大小改为 2 × 1,卷积核个数增加为 256 个。由于输入样本为接收端信号的实部和虚部,而非接收序列 $\boldsymbol{y} = [y(0), y(1), \cdots, y(K-1)]$,因此需要首先将 STBC 信号对应的实部和虚部合并,再进一步根据相关性提取特征。

(2) 将卷积层 C2 的卷积核大小改为 1 × 2,卷积核个数增加为 80 个。根据 SM 和 AL 信号相关性分布的差异性,采用 1 × 2 维卷积核对 C1 层输出特征进行卷积,得到更加符合STBC信号本质的相关性特征。

(3) 增加卷积核大小为1×2的卷积层C3。增加该层的目的是在C2层相关性特征的基础上,进一步提取STBC信号的深层统计特征,强化CNN网络对信号本质特征的映射能力。

(4) 将第一个全连接层D1的单元数增加为256个,并将全连接层D2的单元数设置为与待识别的STBC种类数相同,以适应网络的输出结果。

改进后的基于相关性的CNN-BC网络模型如图3-3所示。该网络的构建过程借鉴了传统的特征提取算法,结合STBC相关性对网络重新进行了设计,使其更加符合STBC信号的本质特征。

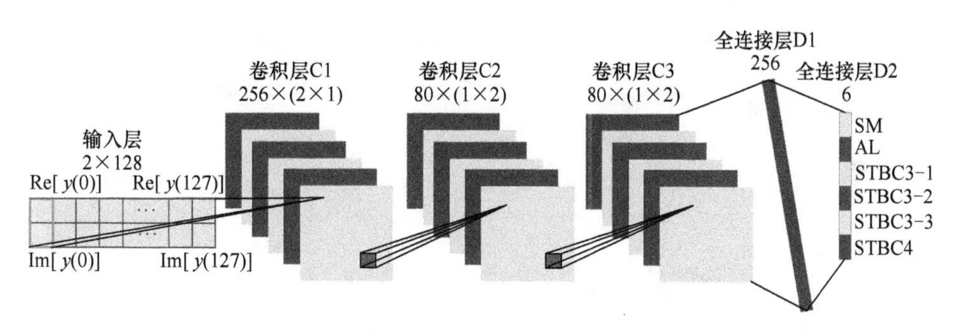

图3-3　基于相关性的CNN-BC网络模型

图3-4给出了3种信噪比下改进前后的CNN-B网络和CNN-BC网络的混淆矩阵。由该图可知,改进后网络对SM和AL信号的识别能力有较大提升,尤其是AL码的识别精度有明显改善,在-6dB下的准确率增加了10%,信号混叠的现象明显减弱,说明本节基于相关性的改进方法符合SM和AL信号识别原理,较原网络更适合于STBC识别。考虑到在实际的工程应用中,SM和AL信号为STBC码中最常用的编码类型,因而提升其在低信噪比下的识别性能具有重要意义。

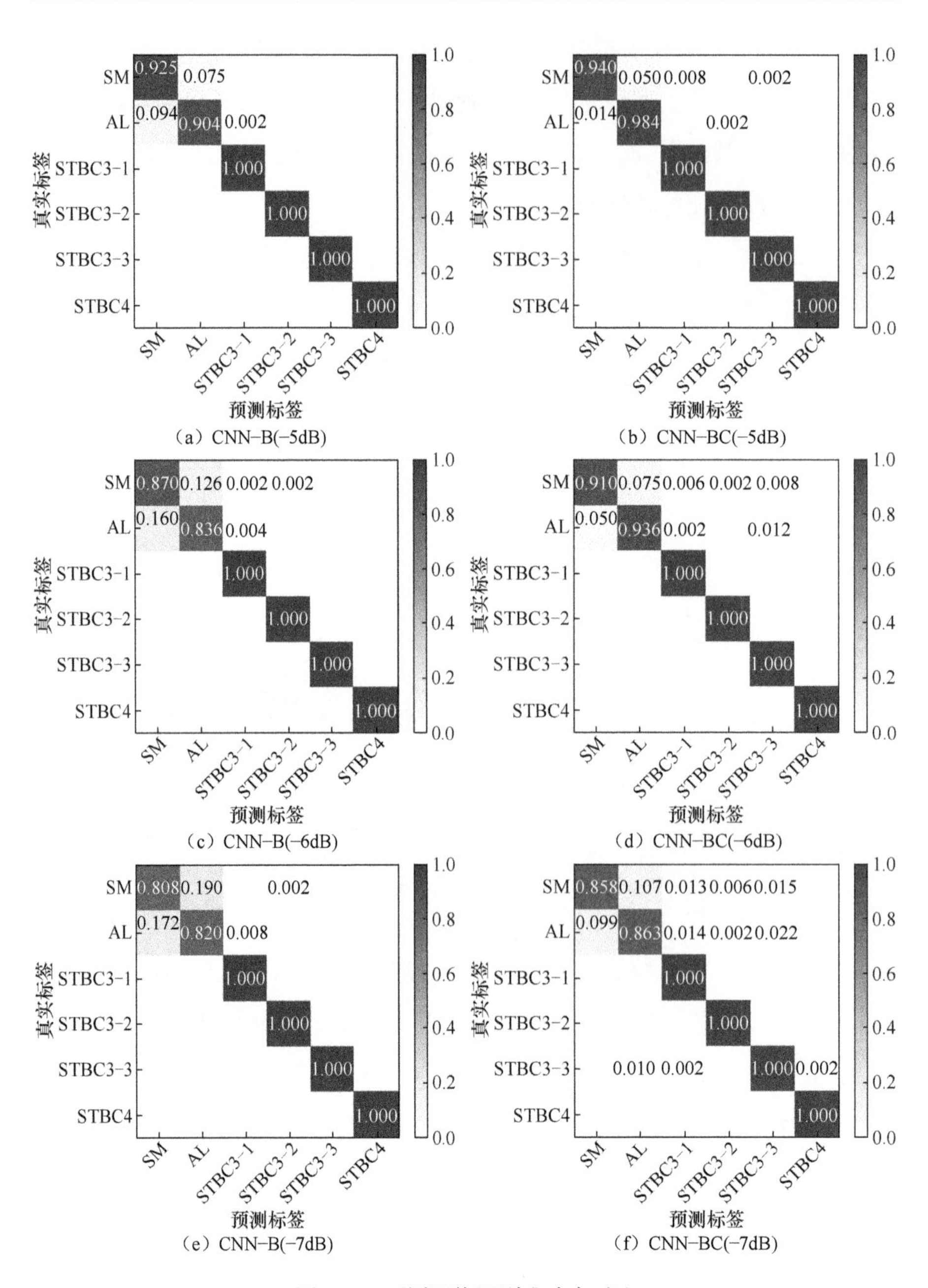

（a）CNN-B(−5dB)

（b）CNN-BC(−5dB)

（c）CNN-B(−6dB)

（d）CNN-BC(−6dB)

（e）CNN-B(−7dB)

（f）CNN-BC(−7dB)

图 3-4　不同网络识别准确率对比

3.3.2 ResNet 网络

CNN 在图像识别领域取得了突破性进展,理论上更多的卷积层可以拟合任意复杂的非线性函数,但实际上随着网络层数的增加,其识别性能会达到饱和甚至发生退化。文献[42]介绍了一种解决网络退化问题的残差网络,带有跨越连接的残差块结构使得网络性能随深度的增加而稳步提升,本节在残差块的基础上进一步引入残差栈(Residual Stack, RS)[37],其结构如图 3-5 所示。

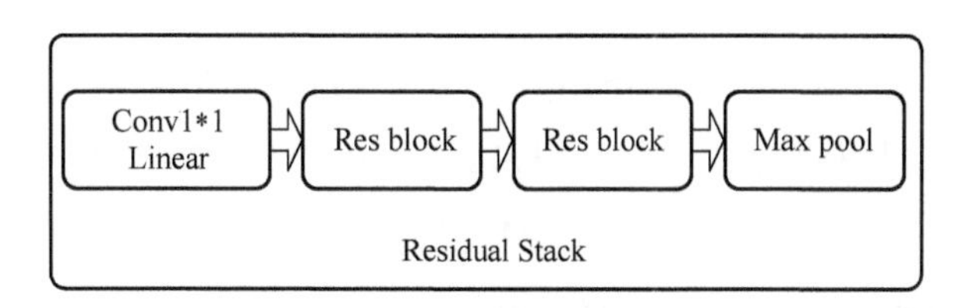

图 3-5　残差栈的结构

残差栈由一个激活函数为线性函数的卷积层、两个残差块和最大池化层组成,本节针对 STBC 识别重新对残差栈中各层的参数进行设置,最终得到的残差网络结构参数如表 3-1 所示。其中,输入层参数表示输入样本的维度是 2×1024;残差栈中的卷积核个数均为 32,参数 3×2 和 2×2 分别表示残差栈中的卷积核与池化窗的维度;全连接层的神经元数分别为 128 和 6,激活函数分别为 SeLU 与 Softmax,除特殊说明外,默认的激活函数均为 ReLU 函数。

表 3-1　残差网络结构

结构名称	具体参数
输入层	2×1024
残差栈	3×2, 2×2
残差栈	3×2, 2×1
残差栈	3×2, 2×1

续表

结构名称	具体参数
残差栈	3×2, 2×1
残差栈	3×1, 2×1
全连接层	128-SeLU
全连接层	6-Softmax

3.3.3　CNN-LSTM 网络

循环神经网络对时间序列数据有强大的处理和预测能力,是深度学习领域中一类非常重要的模型,该网络在语言识别、文本分类、信息检索和机器翻译等各领域均得到了广泛应用,尤其擅长处理与时间有着较强依赖性的数据类型。基于此,本节介绍一种利用卷积-循环神经网络的空时分组码识别方法,将串行 STBC 码信号的实部和虚部输入网络,利用 CNN 对信号的空间特征进行提取后,经过 LSTM 提取信号的时序特征,最后经全连接层输出网络。

本节采用 RNN 中的长短期记忆层以处理卷积后的一维时间序列,以挖掘接收信号的时序信息,并且长短期记忆层的特点在于其携带了跨越多个时间步的信息,从而防止较早期的信息在处理的过程中逐渐消失,其基本结构如图 3-6 所示。

由图 3-6 可知,LSTM 基本结构由一个记忆单元和三个控制单元组成,即输入门、输出门和遗忘门。输入门控制当前接收信息对记忆单元的影响程度,输出门决定是否输出记忆单元信息,遗忘门决定是否保留记忆单元之前的信息[43]。图 3-6 中遗忘门的输出为

$$\boldsymbol{f}_t = \sigma(\boldsymbol{W}_f[\boldsymbol{h}_{t-1}, \boldsymbol{x}_t] + \boldsymbol{b}_f) \tag{3-17}$$

式中:$\boldsymbol{h}_{t-1}$ 为 $t-1$ 时刻 LSTM 网络的输出;$\boldsymbol{x}_t$ 为网络在当前时刻的接收信号;$\boldsymbol{W}_f$ 为遗忘门的权重矩阵;σ 为 Sigmoid 激活函数。遗忘门的输出是

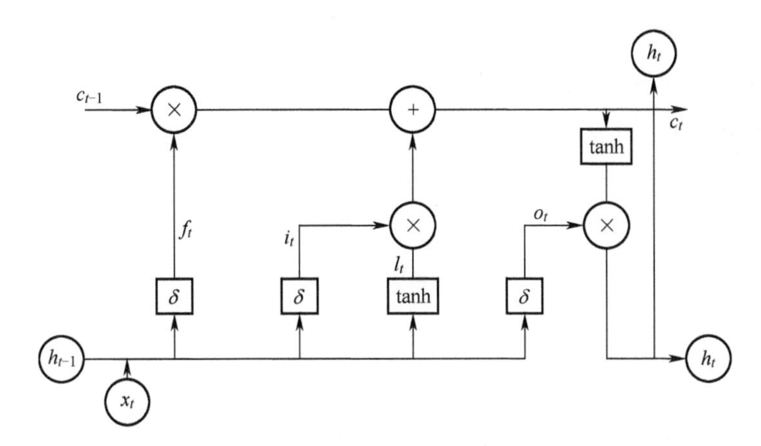

图 3-6 LSTM 网络基本结构

[0,1]之间的数,其值为0时,不保留历史信息;值为1时,保留所有历史信息。

输入门和候选向量的状态更新如下:

$$\boldsymbol{i}_t=\sigma(\boldsymbol{W}_i[\boldsymbol{h}_{t-1},\boldsymbol{x}_t]+\boldsymbol{b}_i) \tag{3-18}$$

$$\boldsymbol{l}_t=\tanh(\boldsymbol{W}_l[\boldsymbol{h}_{t-1},\boldsymbol{x}_t]+\boldsymbol{b}_l) \tag{3-19}$$

$$\boldsymbol{c}_t=\boldsymbol{f}_t\cdot\boldsymbol{c}_{t-1}+\boldsymbol{i}_t\cdot\boldsymbol{l}_t \tag{3-20}$$

式中:$\boldsymbol{W}_i$ 与 $\boldsymbol{W}_l$ 为输入门 $\boldsymbol{i}_t$ 和候选向量 $\boldsymbol{l}_t$ 的权重矩阵;$\boldsymbol{b}_i$ 和 $\boldsymbol{b}_l$ 为对应的偏置;tanh 为产生候选向量的激活函数;$\boldsymbol{c}_t$ 为更新后记忆单元的状态。式(3-22)表明,记忆单元的状态由遗忘门控制的历史信息和输入门控制的候选向量共同决定。LSTM 网络更新记忆单元后,其输出状态的具体表达式为

$$\boldsymbol{o}_t=\sigma(\boldsymbol{W}_o[\boldsymbol{h}_{t-1},\boldsymbol{x}_t]+\boldsymbol{b}_o) \tag{3-21}$$

$$\boldsymbol{h}_t=\boldsymbol{o}_t\cdot\tanh(\boldsymbol{c}_t) \tag{3-22}$$

式中:$\boldsymbol{W}_o$ 为输出门 $\boldsymbol{o}_t$ 的权重矩阵;$\boldsymbol{b}_o$ 为对应偏置。该表达式说明 LSTM 网络的输出由输出门控制的记忆单元决定,并由输出门决定其对结果的影响程度。

本节采用的 CNN-LSTM 模型如图 3-7 所示,包括合并卷积层、最大池化

层、提取时序特征的循环层部分和两个全连接层,除最后一层全连接层的激活函数为 Softmax 函数外,其余各层均为 ReLU 激活函数。卷积层提取的空间特征与 LSTM 层提取的时序特征互补,使得网络的特征类型进一步多样化,以充分挖掘 STBC 信号的内在编码特征。

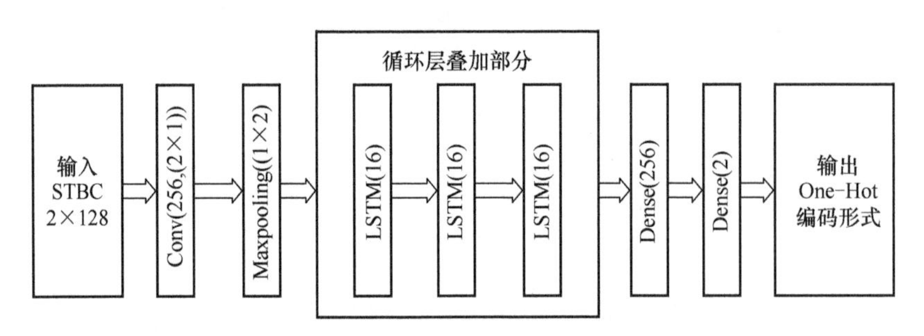

图 3-7 卷积-循环神经网络模型

3.3.4 算法实现流程

生成的信号样本由接收端时域 STBC 信号的实部和虚部组成,拼接成 $2\times N$ 维的输入样本。考虑一个有 N 层网络的 CNN 模型,其训练过程包括数据从第一层传播到第 N 层的前向传播阶段和将误差从第 N 层传播到第一层反向传播阶段。前向传播得到的输出结果与目标值形成误差,当误差不满足停止条件时反向传回网络,根据梯度下降法对权值 $\boldsymbol{W}$ 和偏置 $\boldsymbol{b}$ 进行更新[44]:

$$\boldsymbol{W}^{t+1}=\boldsymbol{W}^{t}-\alpha\frac{\partial J(\boldsymbol{W},\boldsymbol{b};\boldsymbol{x},\boldsymbol{y})}{\partial \boldsymbol{W}^{t}} \tag{3-23}$$

$$\boldsymbol{b}^{t+1}=\boldsymbol{b}^{t}-\alpha\frac{\partial J(\boldsymbol{W},\boldsymbol{b};\boldsymbol{x},\boldsymbol{y})}{\partial \boldsymbol{b}^{t}} \tag{3-24}$$

式中:α 为学习率;$J(\boldsymbol{W},\boldsymbol{b};\boldsymbol{x},\boldsymbol{y})$ 为损失函数。在网络训练过程中,选取 Adam 优化器对参数进行调整,采用交叉熵作为损失函数:

$$J(\boldsymbol{W},\boldsymbol{b};\boldsymbol{x},\boldsymbol{y})=-\frac{1}{m}\sum_{i=1}^{m}(\boldsymbol{y}^{(i)})\log(f(\boldsymbol{W},\boldsymbol{b};\boldsymbol{x}^{(i)}))+\lambda\sum\|\boldsymbol{W}\|^{2} \tag{3-25}$$

式中：$f(\boldsymbol{W},\boldsymbol{b};\boldsymbol{x}^{(i)})$ 表示输入样本为 $\boldsymbol{x}^{(i)}$ 时网络的输出值；$\boldsymbol{y}^{(i)}$ 为对应样本 $\boldsymbol{x}^{(i)}$ 的实际标签值；$\lambda\sum\|\boldsymbol{W}\|^{2}$ 为网络权值的正则化；λ 为正则化系数，对网络进行正则化可有效地避免过拟合现象。具体过程如图3-8所示，即：初始化网络的权值；训练数据经过各网络层后输出结果；计算输出结果与目标的误差；当误差大于期望值时，将误差反馈至网络，按级计算出各网络层的误差；根据误差来修正各层的参数，并再次重复初始化之后的过程。

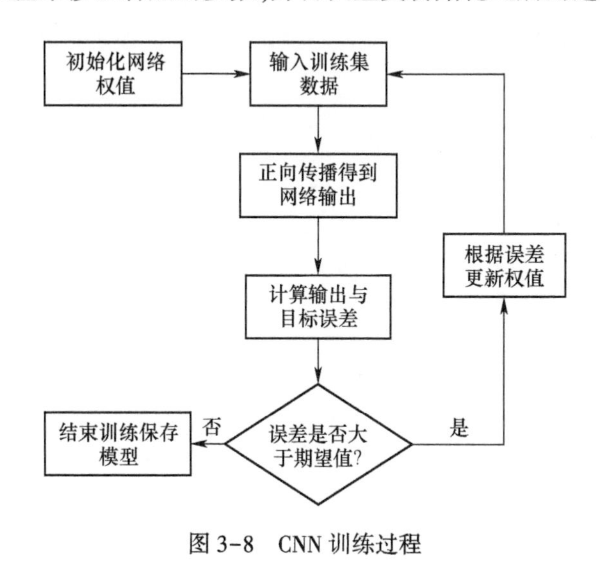

图3-8　CNN训练过程

3.3.5　性能测试与分析

因CNN-LSTM网络目前仅能识别SM和AL两种最常用的STBC类型，除该网络的待识别集合为{SM, AL}外，其余两个网络待识别的STBC集合均为{SM, AL, STBC3-1, STBC3-2, STBC3-3, STBC4}。

实验利用Matlab仿真软件产生以上6类空时分组码信号，采用Nakagami-m 衰落信道，调制方式为QPSK（Quadrature Phase Shift Keying，正交相移键控)调制,噪声为复高斯白噪声。接收端每 128 个时钟信号截取一段数据,分别提取其实虚部后得到 2 × 128 维矩阵作为一个学习样本,类别标签采用独热编码形式表示,向量大小为 1 × 6,与待识别信号类别相对应。训练集与测试集均在-10dB~10dB 产生,训练集每个信噪比下的单类信号样本数为 800,共 100800 个训练样本,测试集每类信号产生 200 个样本,共 25200 个测试样本。

实验 1　不同深度学习框架的性能对比

图 3-9 为三个网络模型在不同信噪比下的识别性能对比。CNN-BC 网络因结合 STBC 编码特点进行了结构改进而具有更优异的识别性能,在-10dB下对 6 类 STBC 仍能保持 83.74%的平均识别概率,对低信噪比有较强的适应性。ResNet 网络的性能次之,但仍获得了较好的识别性能,-4dB 以上的识别准确率达到了 90%以上。CNN-LSTM 的识别性能较差,对网络结构的设计需进一步深入研究。

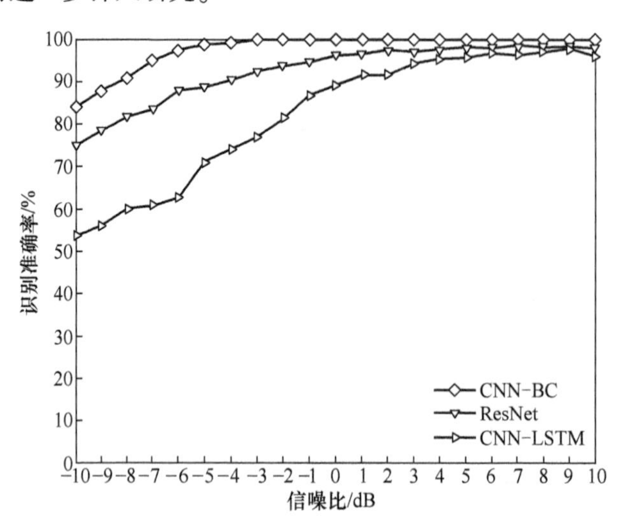

图 3-9　不同信噪比下各网络的识别性能

图 3-10 为样本长度为 256 时各网络模型的识别性能对比。由该图可知,样本长度增加为原有的 2 倍后,CNN-BC 与 ResNet 网络的性能因训练总信号数的增加而获得了明显的性能增益,-10dB 下两类网络的平均识别率

分别提升 5.1%和 8.84%，ResNet 在高信噪比下的准确率在扩展样本长度后达到了 100%，以上两个网络的平均识别率显著改善。

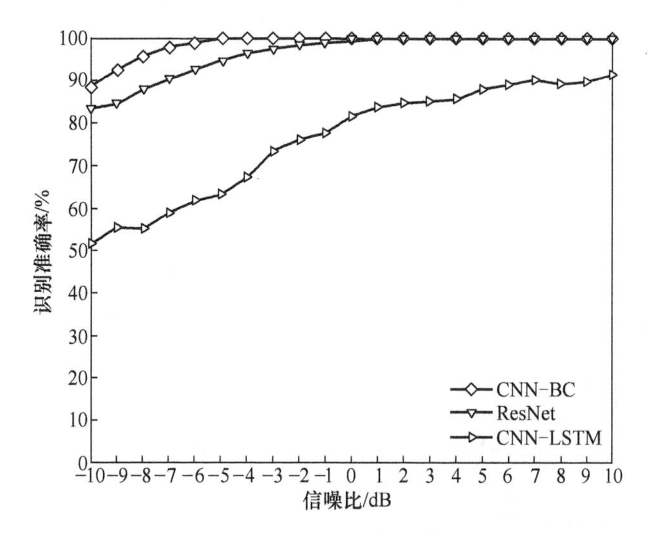

图 3-10　样本长度为 256 时各网络在不同信噪比下的性能

值得说明的是，在增加样本长度后，CNN-LSTM 网络的识别准确率不升反降，说明在采用 LSTM 层提取信号时序特征时，增加序列长度并不一定能够给网络带来性能上的增益，如何将循环层结构适当地引入模型框架中仍需更加深入的研究。为避免重复，下文的性能测试均采用性能较优的 CNN-BC 网络模型来实现。

实验 2　样本长度对识别性能的影响

图 3-11 给出了不同样本长度下的识别准确率，由该图可知，随着样本长度的增加，CNN-BC 网络的识别性能进一步提升，在样本长度为 1024 时，模型在-8dB 下的准确率达到了 98.7%，在低信噪比下识别性能优异。考虑到在实际非合作通信过程中，敌方平台的通信时间往往很短，本章的 CNN-BC 模型在较少信号数下仍能保持高识别率，十分适合对短突发信号的处理，这对非协作通信下的 STBC 识别具有重要意义。

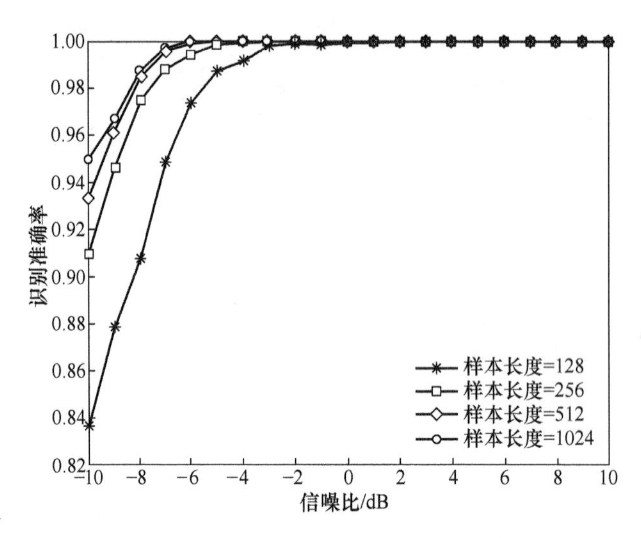

图 3-11 不同样本长度对识别性能的影响

实验 3 调制方式对识别性能的影响

图 3-12 给出了不同调制下的识别准确率图像。从图中可以看出，CNN-BC模型在 BPSK 下的识别性能最优，-8dB 下达到了 97.7%，低信噪比

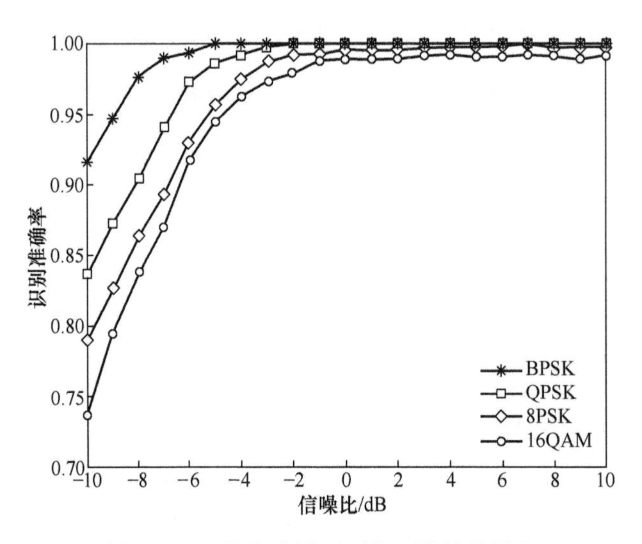

图 3-12 不同调制方式对识别性能的影响

下识别性能优异。算法性能随调制方式复杂度的增加而逐渐被削弱，但在高阶调制下仍能保持良好的识别性能，对各种调制方式有较好的适应性，在高于-6dB信道环境下的识别准确率均能达到90%以上。

实验4　不同信道环境对性能的影响

为分析不同信道环境对模型的影响，进一步考察CNN-BC模型的泛化性和有效性，本节引入了较常用的块衰落(Block Fading, BF)信道[45-47]和更接近真实信道的3GPP SCME信道[48-51]模型。由于块衰落信道增益在独立衰落子块内保持不变，而不同衰落子块的信道系数独立同分布[45-47]，本实验采用了文献[46]的平坦瑞利块衰落信道，将同一衰落子块内的信道系数设置为相同，各衰落子块的衰落系数服从瑞利分布。3GPP/3GPP2组织发布的SCM模型[47]、SCME模型[48]均为标准的MIMO信道模型[49]，并且更接近实际的衰落信道。仿真过程采用3GPP SCME信道定义的城区宏小区(Urban Macro-cell, UMA)场景，以模拟真实信道下的通信环境。Block Fading信道、3GPP SCME信道和Nakagami信道三者综合对比的准确率图像如图3-13所示。

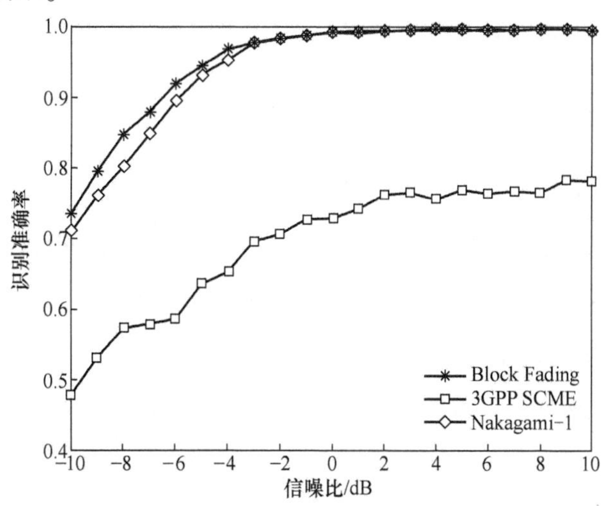

图3-13　不同信道下的识别性能

从图中可以看出，本节模型在 3GPP SCME 信道下的识别性能较差，但在低信噪比下，Block Fading 信道性能略优于 Nakagami-1 信道，这是由于 $m=1$时，Nakagami 信道退化为瑞利衰落信道[52]，而平坦瑞利块衰落信道较瑞利信道更稳定，因此在低信噪比下略优于 Nakagami-1 信道。由于 3GPP SCME 信道的衰落和噪声干扰较强，为分析 CNN-BC 模型对复杂信道的适应性，本节进一步对该信道在样本长度 L 为 512 和 1024 时的性能进行了仿真，实验结果如图 3-14 所示。

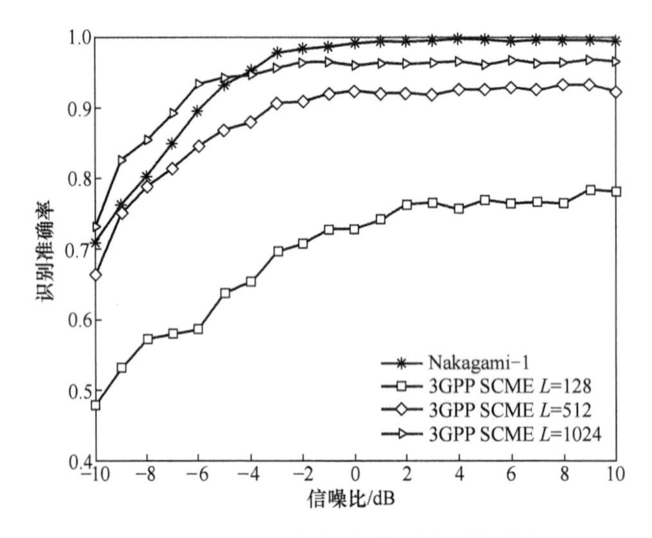

图 3-14　3GPP SCME 信道在不同样本长度下的识别性能

由图 3-14 可知，通过增加样本长度的方法可有效地提升识别准确率，从而缓解因信道衰落导致的性能恶化问题。此外，得益于 CNN-BC 模型对 STBC 信号特征强大的自学习能力，其在低信噪比下较 Nakagami-1 信道更优，说明本节模型对实际衰落信道和强噪声干扰环境具有良好的适应性，这对该模型的实际应用具有重要意义，由此验证了 CNN-BC 网络的泛化性和有效性。由于本节在单接收天线下进行，除增加样本长度外，采用多接收天线也可改善实际衰落信道下的识别性能，是未来值得研究的方向之一。

本节介绍了三种用于STBC识别的经典深度学习框架,相比于基于特征提取的传统假设检验方法,深度学习算法以其对大量标签数据的自学习能力和强大的特征映射能力而具备以下特点:

(1) 本节的深度学习方法无需人工提取特征,不需要知道信道、噪声等先验信息,可直接对接收端时域信号进行盲识别,非常适合非协作通信情况,且在多种信道环境下均获得了稳定的识别性能,较传统算法具有更强的自适应性和鲁棒性。

(2) 本节方法将可识别的4类STBC码扩展到6类。利用STBC相关性的传统算法在理论上无法识别编码矩阵长度相同的STBC码,但得益于神经网络模型对信号特征强大的提取能力,本节方法能够识别编码矩阵长度相同的STBC3-1与STBC3-2、STBC3-3与STBC4这两组编码方式,进一步扩展了可识别的STBC类型。

(3) 本节方法具有较强的实时识别能力。因在训练和测试网络时可采用GPU对计算过程进行加速,深度学习方法对STBC的识别可控制在微秒级别(CNN-BC网络对单个2 × 128维样本的识别耗时为9.4μs),完全可以满足实时性处理的需求,本节方法具有较高的工程和实际应用价值。

3.4 基于多模态特征融合网络的STBC识别

3.3节的研究和实验证明了经典深度学习模型进行STBC识别的可行性,并取得了较传统算法更优越的识别性能,在此基础上,本节进一步结合STBC编码特点,对网络结构的设计方法展开了更深入的研究,介绍了基于多模态特征融合网络的识别方法,充分利用了不同类型特征之间的互补性,有效地增强了网络在低信噪比下的识别性能。该多模态特征提取和融合网络的构建方法,为结合传统算法设计深度学习网络结构提供了新思路,其思想同样可应用于其他通信信号识别领域。

3.4.1 多时延特征自提取

考虑到传统算法[9-15]常通过计算 STBC 在不同时延下的统计量，进而分析各阶统计量与理论阈值的大小关系完成识别，而这一计算时延特征的方法恰与深度学习中的扩张卷积(Dilated Convolution, DC)过程不谋而合，即扩张卷积与时延特征同样是提取间隔点的信息，而非连续时间窗的信号特征。受这一特性的启发，本节将传统识别方法中计算多时延统计特征的思路通过扩张卷积应用到深度学习框架中，结合 STBC 自身相关性特征设计网络框架，介绍了多时延特征自提取(Multi-Delay Feature Self-Extraction, MDFSE)模块，充分利用空时分组码信号的多时延特征信息，提升模型的特征映射能力。在接收端，经过信道和噪声的各类 STBC 相关性分布如图3-15所示。

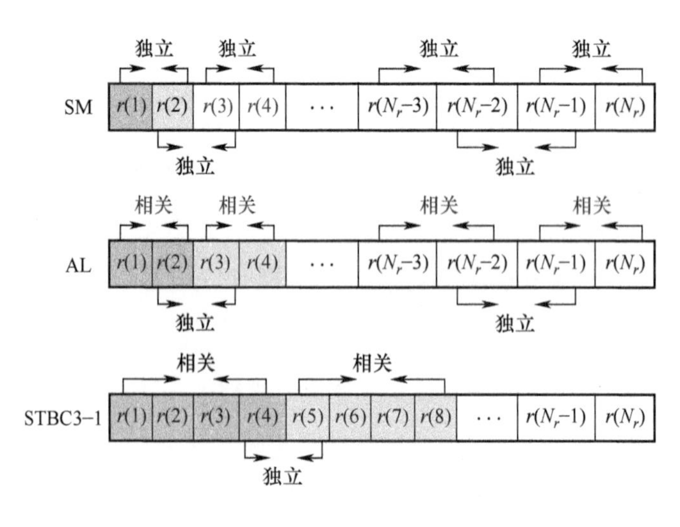

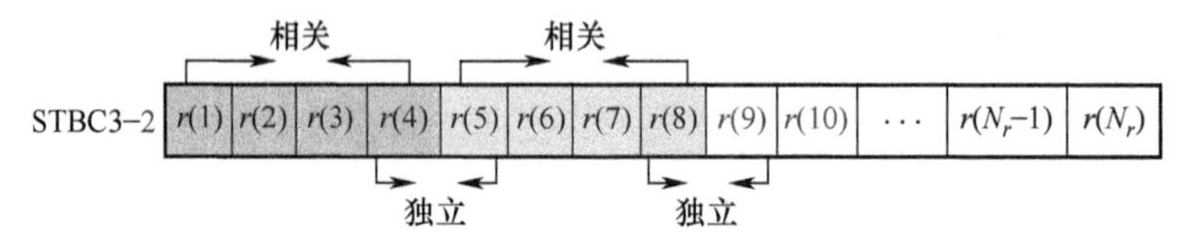

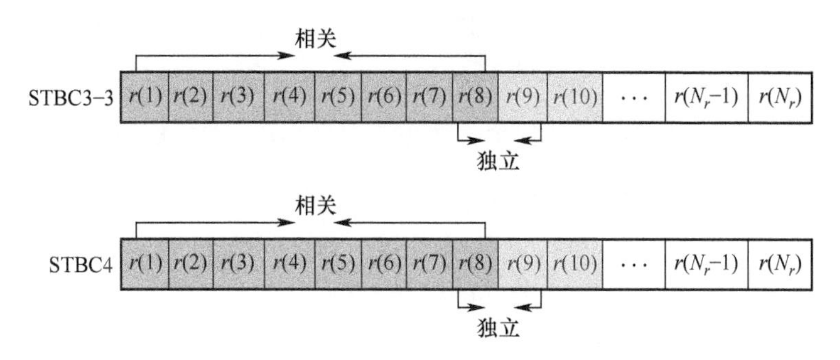

图3-15　空时分组码相关性分布

由图3-15可知,由于在同一个编码矩阵内的接收信号是相关的,而不同矩阵间的信号不相关,因此接收信号的相关性分布与STBC编码矩阵的长度保持一致。在不同时延下,6类STBC的相关性分布差异如表3-2所示。

表3-2　STBC多时延相关性分布

STBC类型	时延 $\tau=1$	时延 $\tau=2$	时延 $\tau=4$
SM	×	×	×
AL	√	×	×
STBC3-1	√	√	×
STBC3-2	√	√	×
STBC3-3	√	√	√
STBC4	√	√	√

为利用STBC相关性分布的差异设计网络框架,本节首先对STBC实虚部组成的输入样本 $\boldsymbol{x}_{I/Q}$ 进行合并卷积,在不改变相关性的情况下将其合并成一维特征向量,则由第1个卷积核提取出的特征向量 $\boldsymbol{h}^l$ 可表示为

$$\boldsymbol{h}^l = f(\boldsymbol{x}_{I/Q} * \boldsymbol{W}^l + \boldsymbol{b}^l) \tag{3-26}$$

式中: $\boldsymbol{W}^l$ 和 $\boldsymbol{b}^l$ 分别表示第1个卷积核的待学习权值和偏置; $*$ 表示卷积运算; $f(\cdot)$ 为激活函数。由于该合并层的卷积核尺寸是 2×1 维的,因此在卷积过程中只有同一个信号的实虚部会被合并,且合并后的 L 个一维特征向

量 $\boldsymbol{h}^l(l=1,2,\cdots,L)$ 的相关性与输入样本 $\boldsymbol{x}_{I/Q}$ 保存一致。为进一步提取信号的多时延特征,本模块依据 STBC 相关性分布差异,采用与多时延参数相同的多扩张率对特征向量进行扩张卷积。在扩张率 τ 下(即时延 τ)第 k 个卷积核提取的时延向量 $\boldsymbol{F}_\tau^k$ 在 i 位置处的值可表示为

$$F_{\tau i}^k = f\left(\sum_{l=1}^{L}\sum_{s=1}^{S} h_{i+\tau s}^l W_s^k + b^k\right) \tag{3-27}$$

式中: $h_{i+\tau s}^l$ 为合并卷积层输出的一维特征向量 $\boldsymbol{h}^l$ 在 $i+\tau s$ 处的值; S 为卷积核的长度;L 为合并卷积层的特征图个数; W_s^k 为第 k 个卷积核在 s 处的待学习权值; b^k 为待学习偏置。对于给定的 STBC 信号,其在不同时延下的统计特征存在较大差异,故采用扩张率 $\tau=1,2,4$ 的 3 类时延卷积得到的特征向量 $\boldsymbol{F}_\tau$ 也会具有明显不同。

值得说明的是,虽然编码矩阵长度相同的 STBC3－1 与 STBC3－2、STBC3-3与 STBC4 两组空时分组码相关性分布一致,但得益于 MMFFN 网络对信号特征强大的映射能力,本节算法对以上相似度较高的两组 STBC 仍具有优异的识别性能。

3.4.2　多时序特征自提取

为增强网络的特征映射能力,探究更适合 STBC 识别的时序特征提取方法,本模块在多时延特征提取框架的基础上,首先利用连续采样点卷积核进行深度卷积,然后采用 LSTM 层提取 STBC 信号的前后多时间步特征,实现多时序特征自提取(Multi-Sequential Feature Self-Extraction, MSFSE)。

对于本节介绍的 MMFFN 网络框架,多时序循环层提取的多时序编码特征恰与多扩张率卷积层获取的多时延卷积特征互补,使得本节模型能够学习到具有更强区分性的深层特征,增强了 MMFFN 网络对 STBC 特征的映射能力。具体而言,多时序特征自提取模块首先使用连续卷积核进一步提取深层多时延特征,在时延 τ 下第 g 个卷积核输出的一维向量为

$$\boldsymbol{J}_{\tau}^{g}=f\left(\sum_{k=1}^{K}\boldsymbol{F}_{\tau}^{k} * \boldsymbol{W}^{g}+\boldsymbol{b}^{g}\right) \tag{3-28}$$

式中：$\boldsymbol{W}^{g}$ 和 $\boldsymbol{b}^{g}$ 分别为该卷积核的待学习权值和偏置。为适应 LSTM 层的输入维度,需要将深度卷积层输出的 3 通道转换为 2 通道。考虑到卷积层提取的是一维特征向量,故本模块进一步对输出的 g 个一维向量进行拼接操作

$$\boldsymbol{P}_{\tau}=[(\boldsymbol{J}_{\tau}^{1})^{\mathrm{T}},\cdots,(\boldsymbol{J}_{\tau}^{g})^{\mathrm{T}},\cdots,(\boldsymbol{J}_{\tau}^{G})^{\mathrm{T}}]^{\mathrm{T}} \tag{3-29}$$

将维度重塑后的拼接矩阵 $\boldsymbol{P}_{\tau}$ 输入 LSTM 层,则当 LSTM 记忆单元移动至 t 时刻时,其遗忘门 $\boldsymbol{f}_{\tau}^{t}$ 、输入门 $\boldsymbol{i}_{\tau}^{t}$ 和输出门 $\boldsymbol{o}_{\tau}^{t}$ 的状态由当前时间步的输入 $\boldsymbol{J}_{\tau}^{t}$ 和在 $t-1$ 时刻隐藏层的状态 $\boldsymbol{h}_{\tau}^{t-1}$ 共同决定

$$\boldsymbol{f}_{\tau}^{t}=\sigma(\boldsymbol{W}_{f}^{t}[\boldsymbol{h}_{\tau}^{t-1},\boldsymbol{J}_{\tau}^{t}]+\boldsymbol{b}_{f}^{t}) \tag{3-30}$$

$$\boldsymbol{i}_{\tau}^{t}=\sigma(\boldsymbol{W}_{i}^{t}[\boldsymbol{h}_{\tau}^{t-1},\boldsymbol{J}_{\tau}^{t}]+\boldsymbol{b}_{i}^{t}) \tag{3-31}$$

$$\boldsymbol{o}_{\tau}^{t}=\sigma(\boldsymbol{W}_{o}^{t}[\boldsymbol{h}_{\tau}^{t-1},\boldsymbol{J}_{\tau}^{t}]+\boldsymbol{b}_{o}^{t}) \tag{3-32}$$

式中：$\boldsymbol{W}_{f}$ 与 $\boldsymbol{b}_{f}$、$\boldsymbol{W}_{i}$ 与 $\boldsymbol{b}_{i}$ 和 $\boldsymbol{W}_{o}$ 与 $\boldsymbol{b}_{o}$ 表示遗忘门、输入门和输出门的权值与偏置；$\sigma(\cdot)$ 为 Sigmoid 函数。更新后的记忆单元状态 $\boldsymbol{c}_{\tau}^{t}$ 由当前时间步的遗忘门 $\boldsymbol{f}_{\tau}^{t}$ 与输入门 $\boldsymbol{i}_{\tau}^{t}$ 控制

$$\boldsymbol{c}_{\tau}^{t}=\boldsymbol{f}_{\tau}^{t}\cdot\boldsymbol{c}_{\tau}^{t-1}+\boldsymbol{i}_{\tau}^{t}\cdot\tanh(\boldsymbol{W}_{l}^{t}[\boldsymbol{h}_{\tau}^{t-1},\boldsymbol{J}_{\tau}^{t}]+\boldsymbol{b}_{l}^{t}) \tag{3-33}$$

式中：$\boldsymbol{c}_{\tau}^{t-1}$ 为 $t-1$ 时刻记忆单元的状态；$\boldsymbol{W}_{l}$ 和 $\boldsymbol{b}_{l}$ 表示记忆单元当前状态的权值与偏置。在 t 时刻隐藏层的输出为

$$\boldsymbol{y}_{\tau}^{t}=\boldsymbol{o}_{\tau}^{t}\cdot\tanh(\boldsymbol{c}_{\tau}^{t}) \tag{3-34}$$

式中：$\boldsymbol{o}_{\tau}^{t}$ 为当前时刻的输出门状态。通过三个控制门的联合控制与多个记忆单元信息的长期存储,LSTM 单元得以利用前后多时间步的特征,从而实现多时序特征的自提取,进一步增强了 MMFFN 网络对 STBC 信号的特征映射能力。

3.4.3　最大时延特征融合

相比于单一的信号特征,融合信息因其对各类特征互补性的充分利用

而具有更强的表征能力。为充分融合多模态特征,本节借鉴了传统算法识别 STBC 的思路,即依据其相关性计算在各类时延下的高阶统计特征(High Order Statistics, HOS),并将距离度量最大的高阶时延统计量作为鉴别特征[12]。在上述模型框架的基础上,本节进一步增加了最大时延特征融合(Maximum Delay Feature Fusion, MDFF)模块,将多时延下的特征进行拼接后,提取最大时延特征作为深层融合特征,并且增加了带跨越连接的残差层,使融合信息得以被充分利用,从而有效地解决了单一特征表征能力差、各时延信息互补性利用不充分的问题。

为实现对各时延特征的拼接,需首先将 LSTM 层的输出的 2 通道重新变换为 3 通道,故将时延 τ 下 LSTM 层的输出 $\boldsymbol{y}_\tau$ 按行拆分为一维特征向量

$$\boldsymbol{y}_\tau = [(\boldsymbol{K}_\tau^1)^{\mathrm{T}}, \cdots, (\boldsymbol{K}_\tau^q)^{\mathrm{T}}, \cdots, (\boldsymbol{K}_\tau^Q)^{\mathrm{T}}]^{\mathrm{T}} \tag{3-35}$$

式中, Q 为一维向量的个数。将同一序号的 3 类时延下的 $1 \times N$ 维特征向量 $\boldsymbol{K}_\tau^q$ 按行进行拼接

$$\boldsymbol{S}^q = [(\boldsymbol{K}_{\tau=1}^q)^{\mathrm{T}}, (\boldsymbol{K}_{\tau=2}^q)^{\mathrm{T}}, (\boldsymbol{K}_{\tau=4}^q)^{\mathrm{T}}]^{\mathrm{T}} \tag{3-36}$$

式中: $\boldsymbol{S}^q$ 为拼接得到的第 q 个 $3 \times N$ 维矩阵,包含了各类时延下的特征信息。将得到的拼接矩阵 $\boldsymbol{S}^q$ 进行特征融合,按列遍历矩阵 $\boldsymbol{S}^q$,选取其最大时延特征作为深层融合特征

$$U^q(j) = \max \boldsymbol{S}^q(j) \tag{3-37}$$

式中: $\boldsymbol{S}^q(j)$ 为第 q 个拼接矩阵的第 j 列。为提升深层融合特征利用率,克服梯度下降导致的网络退化问题,本模块引入带跨越连接的残差层以提升网络表征能力。对于第 q 个融合特征向量,经过残差层后的输出为

$$\boldsymbol{R}^q = f(h(\boldsymbol{U}^q) + F(\boldsymbol{U}^q, \boldsymbol{W}^q)) \tag{3-38}$$

式中: $h(\cdot)$ 为跨越连接的映射函数,本节采用 $h(\boldsymbol{U}^q) = \boldsymbol{U}^q$ 的恒等映射; $\boldsymbol{W}^q$ 为待学习的权重。通过恒等连接 $h(\boldsymbol{U}^q)$,残差层能够充分利用深层融合特征 $\boldsymbol{U}^q$,进一步挖掘其潜在映射效能。最终得到的各层网络结构如表 3-3

所示。

表 3-3　MMFFN 网络参数设置

<table>
<tr><th>模块名称</th><th colspan="3">参 数 设 置</th></tr>
<tr><td rowspan="3">多时延特征自提取</td><td colspan="3">输入层:input = 2 × 128</td></tr>
<tr><td colspan="3">合并卷积层:filters = 128, kernel size = (2,1), padding = ‘valid’</td></tr>
<tr><td>扩张卷积层:filters = 64, kernel size = (1,2), dilation_rate = (1,1), padding = ‘same’</td><td>扩张卷积层:filters = 64, kernel size = (1,2), dilation_rate = (1,2), padding = ‘same’</td><td>扩张卷积层:filters = 64, kernel size = (1,2), dilation_rate = (1,4), padding = ‘same’</td></tr>
<tr><td rowspan="4">多时序特征自提取</td><td>卷积层:filters = 128, kernel size = (1,4), padding = ‘same’</td><td>卷积层:filters = 128, kernel size = (1,4), padding = ‘same’</td><td>卷积层:filters = 128, kernel size = (1,4), padding = ‘same’</td></tr>
<tr><td>尺度变换:(128,1, 128)→(128, 128)</td><td>尺度变换:(128, 1, 128)→(128, 128)</td><td>尺度变换:(128, 1, 128)→(128, 128)</td></tr>
<tr><td>LSTM 层:units = 32, return_sequences = True</td><td>LSTM 层:units = 32, return_sequences = True</td><td>LSTM 层:units = 32, return_sequences = True</td></tr>
<tr><td>尺度变换:(128, 32) →(32, 1,128) (X_0)</td><td>尺度变换:(128, 32) →(32, 1,128) (X_1)</td><td>尺度变换:(128, 32) →(32, 1,128) (X_2)</td></tr>
<tr><td rowspan="7">最大时延特征融合模块</td><td colspan="3">拼接层:concatenate ([X_0, X_1, X_2], axis = 2) (X_shortcut)</td></tr>
<tr><td colspan="3">最大时延融合层:MaxPooling2D (pool_size = (3, 1), padding = 'valid')</td></tr>
<tr><td colspan="3">卷积层:filters = 32, kernel size = (1,2), padding = ‘same’</td></tr>
<tr><td colspan="3">卷积层:filters = 32, kernel size = (1,2), padding = ‘same’ (X_3)</td></tr>
<tr><td colspan="3">跨越连接层:layers. add ([X_3, X_ shortcut])</td></tr>
<tr><td colspan="3">全连接层:units = 64, ReLU 激活函数</td></tr>
<tr><td colspan="3">全连接层:units = 6, Softmax 激活函数</td></tr>
</table>

3.4.4　性能测试与分析

本节实验对应的待识别 STBC 集合为{SM, AL, STBC3-1, STBC3-2, STBC3-3, STBC4},性能测试的条件与 3.3.5 节的实验条件相同,采用相同的数据集和样本比例以更好地对网络的性能进行对比。

实验 1　多时延融合有效性验证

为验证采用多时延融合特征的有效性,本节将多模态特征融合网络与单时延多时序网络(Single-Delay Muti-Sequential Network, SDMSN)进行对比。测试的 SDMSN 各层参数设置与 MMFFN 网络一致,区别在于 SDMSN 网络仅保留了 MMFFN 网络中提取特征 $\boldsymbol{F}_{\tau=1}$ 的一条支路,即只包含连续时间窗的单时延特征。两种测试网络识别准确率随信噪比的变化图像如图 3-16 所示。从图中可以看出,MMFFN 识别性能随信噪比稳步递增,在低信噪比下较 SDMSN 获得明显提升,-10dB 下的准确率增益达 7.1%,说明引入扩张卷积提取的非连续时间窗特征有效地丰富了特征类型,多时延融合的深层码内特征具有更强的表征能力,从而验证了采用 MDFSE 模块的有效性。MMFFN 通过充分利用多扩张率下各类时延特征的互补性,使得融合特征具备了更强的辨识度和稳定性,从而有效地降低了噪声敏感性,进一步提升了算法在低信噪比下的识别性能。

为进一步分析多时延特征在各类码型下的性能增益,图 3-17 给出了 MMFFN 与 SDMSN 网络在-10dB、-8dB 和-6dB 下 6 类 STBC 的混淆矩阵。对比同一信噪比下不同模型的混淆矩阵可知:除 AL 码准确率略低外,MMFFN 对 SM、STBC3-1 等 5 类空时分组码的识别率均高于 SDMSN,其混淆矩阵的对角线分布明显,误判率较 SDMSN 明显降低。在信道环境较恶劣的情况下(-10dB),得益于依据 STBC 相关性差异提取的时延特征 $\boldsymbol{F}_{\tau=2}$ 与 $\boldsymbol{F}_{\tau=4}$,MMFFN 在识别编码矩阵长度大于 2 的四类 STBC 时,可获取针对性和统计特征差异性更强的辨识特征,使其对该四类 STBC 的识别性能明显优

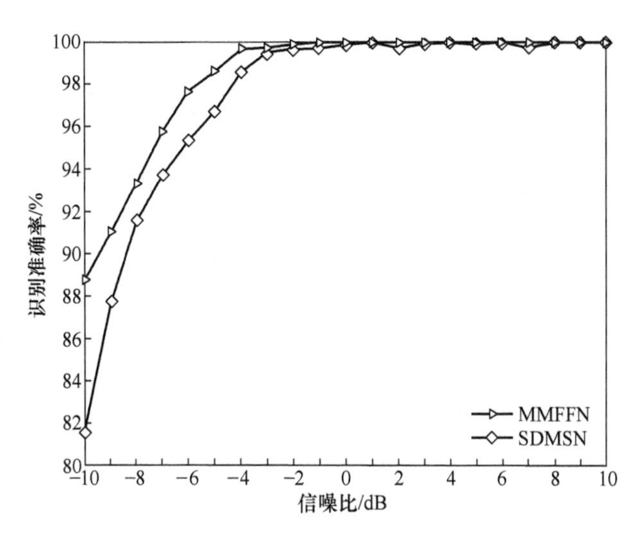

图 3-16 不同时延特征网络的识别性能

于 SDMSN,四类码的增益分别达到了 15.1%(STBC3-1)、8.5%(STBC3-2)、10.1%(STBC3-3)和 4.0%(STBC4)。在各种信噪比条件下,SM 和 AL 的混淆均是导致 MMFFN 识别性能差的主要原因,这可能是由于 SM 和 AL 码的编码矩阵长度过短,使得时延特征 $\boldsymbol{F}_{\tau=2}$ 与 $\boldsymbol{F}_{\tau=4}$ 效能发挥不明显,因此,进一步提升编码矩阵较短 STBC 的识别率是未来改善算法性能的关键之一。

实验 2 多时序特征对识别效果的影响

为分析多时序特征给算法带来的识别性能增益,在上节所述的 MMFFN 与 SDMSN 网络的基础上,去除其中提取码间多时序特征的 MSFSE 模块,得到多时延融合网络(Muti-Delay Features Fusion Network, MDFFN)与单时延网络(Single-Delay Network, SDN),其中,单时延网络仅有网络的时延为 1 支路,且不包含多时序特征自提取模块。仿真对比 MDFFN+MSFSE、MDFFN、SDN+MSFSE 和 SDN 网络的识别性能,其中,MDFFN+MSFSE 网络即为本节的多模态特征融合网络,实验结果如图 3-18 所示。

由该图可知,得益于码间时序特征与码内时延特征的互补性,通过在

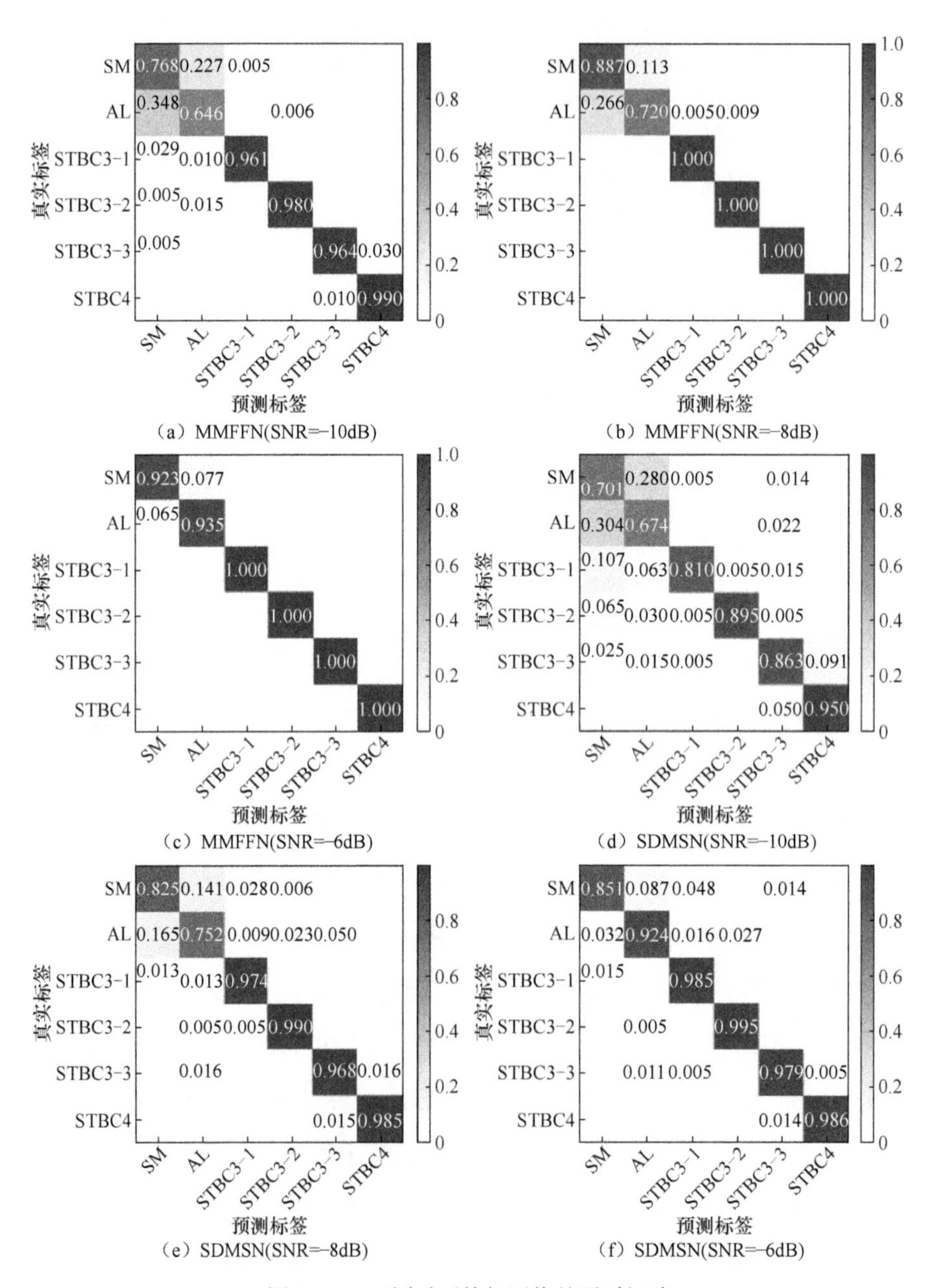

（a）MMFFN(SNR=−10dB)　（b）MMFFN(SNR=−8dB)

（c）MMFFN(SNR=−6dB)　（d）SDMSN(SNR=−10dB)

（e）SDMSN(SNR=−8dB)　（f）SDMSN(SNR=−6dB)

图 3-17　不同时延特征网络的混淆矩阵

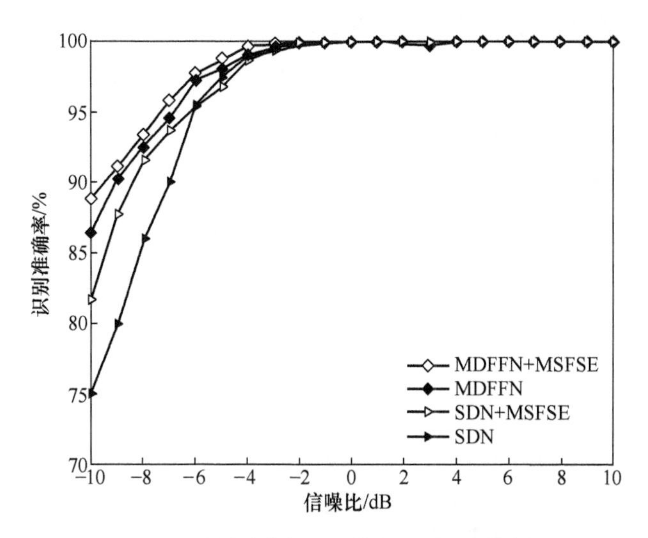

图 3-18　不同时序与时延特征网络的识别性能

MDFFN 网络的适当位置添加 MSFSE 模块能有效提升网络性能,说明引入码间多时序特征有效地扩展了特征类型,使得网络深层特征的多样性进一步增强,从而具备更丰富的特征表示和更高稳定性。在-10~-2dB 的低信噪比环境下,SDN 网络增加 MSFSE 模块的性能增益较 MDFFN 更明显,说明在特征类型较匮乏的情况下,引入多时序特征对模型表征能力的提升更显著,可有效地增强映射特征的可辨识程度。将 MDFFN 与 MSFSE 模块相结合的网络识别率最高,识别性能也最稳定。

为分析 LSTM 参数对识别性能与训练复杂度的影响,本节分别采用-5dB下的识别准确率与训练过程单轮迭代耗时对两者进行衡量,参数设置主要从 LSTM 层数和循环单元数两个层面进行优化。除 LSTM 层参数不同外,MMFFN 网络其余部分结构均相同,批处理参数统一设置为 128,训练样本维度、容量与比例的设置保持一致,实验结果如图 3-19 所示。其中,LSTM 单元数与层数取[5, 128]时,网络因过拟合导致收敛困难,STBC 识别准确率较差。除该结构参数组合外,所有 MMFFN 网络的整体识别准确率均达到了

96%以上,模型性能与 LSTM 层数、单元数呈非线性关系,单轮迭代耗时主要随 LSTM 层数的增加而同步递增,随 LSTM 单元数增加的变化不大。本节网络采用单层 32 个 LSTM 单元时即达到了 98.63%的识别率,与最高 98.80%的准确率(LSTM 结构参数为[3, 128])仅相差不到 0.2%,性能差异不大,且 LSTM 结构参数取[1, 32]时迭代耗时最短,综合考虑性能增益与识别过程的时效性,本节采用了[1, 32]的单层结构参数设置。

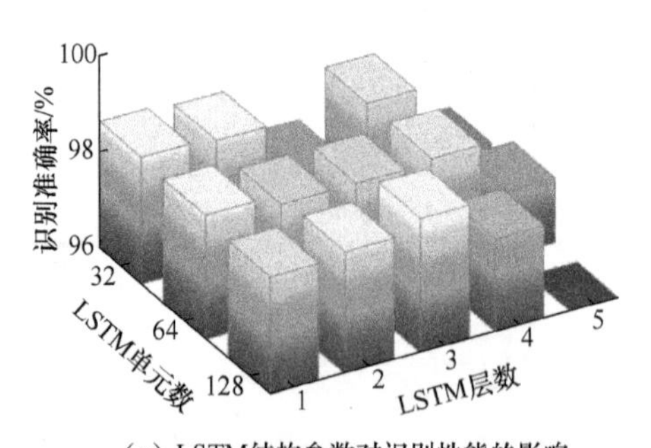

(a) LSTM结构参数对识别性能的影响

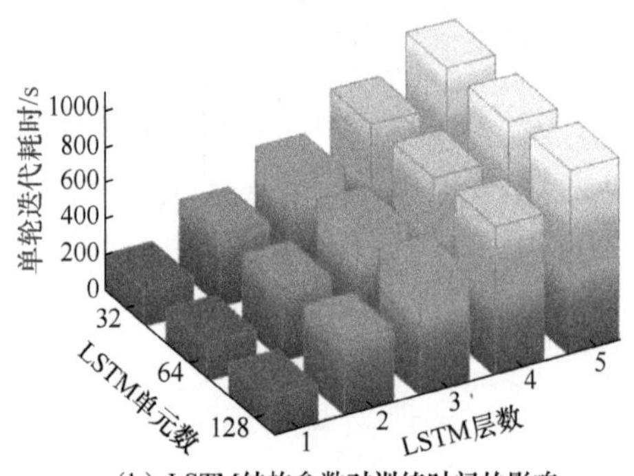

(b) LSTM结构参数对训练时间的影响

图 3-19 LSTM 层结构参数对模型性能的影响

实验 3 算法鲁棒性分析

深度学习模型的识别性能一定程度上依赖于训练样本的容量,为分析不同样本数下 MMFFN 网络的识别准确率,本节对每个信噪比下单类训练样本数为 100~800 时的算法性能进行了仿真,实验结果如图 3-20 所示。由该图可知，样本数为 800 时的识别性能理想且趋于稳定，样本数为 100~600 时的识别率均存在一定的波动，但各样本条件下的性能相差不大，且 MMFFN 在每类信噪比样本数仅为 100 时仍能保持优异的识别性能，从而验证了本节算法鲁棒性和对 STBC 信号强大的表征能力。考虑到在实际通信环境中，高质量样本的采集与标注过程常常难以完成且开销较大，因此本节算法在少量样本下获取的稳定性能对 STBC 识别更具实用性。

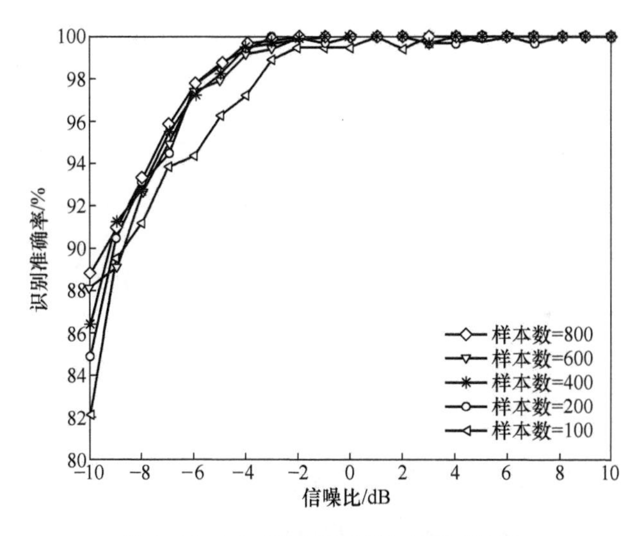

图 3-20　不同样本数下的识别性能对比

实验 4　与其他识别算法的比较

为进一步说明基于多模态特征融合网络识别 STBC 的性能优势，该实验对本节介绍的 MMFFN 与 CNN-BC、ResNet、CNN-LSTM、HOS[13] 和 JADE[30] 共 5 种算法进行对比。其中，CNN-BC、ResNet 和 CNN-LSTM 算法即为前一节所述的经典深度学习网络；HOS 与 JADE 为基于假设检验与统计特征量识别 STBC 的典型传统算法，HOS 算法使用高阶累积量作为统计特征，将累积量协方差矩阵的均值和 Frobenius 范数作为阈值检测 STBC；JADE 基于特征值矩阵联合近似对角化与特征提取实现 STBC 识别，各算法的识别准确率如

图 3-21 所示。

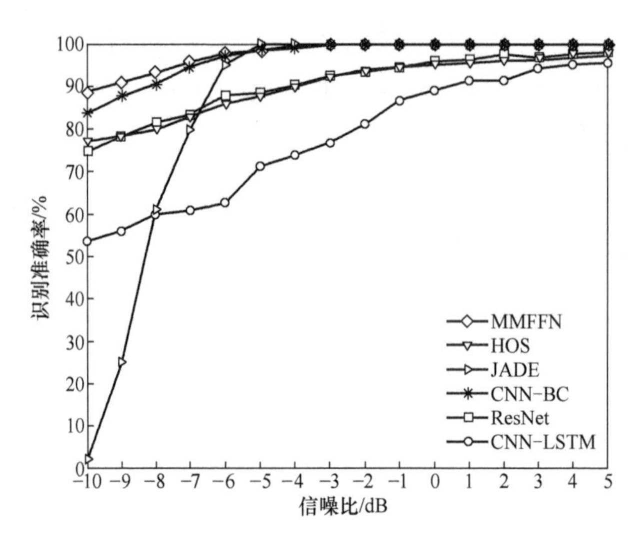

图 3-21 不同识别算法的性能对比

由该图可知，MMFFN 的识别性能最优，-10dB 下的识别率达到了 88.78%，较经典的 CNN-BC、ResNet 和 CNN-LSTM 深度学习模型分别提升 5.04%、14.11%和 35.28%，算法性能增益明显。JADE 在-5～5dB 时的识别率达到了 100%，但在更低信噪比下难以提取可辨识特征，算法性能急剧恶化。CNN-LSTM 的性能较 JADE 更稳定，但与传统算法中较成熟的 HOS 算法还有一定的差距，这是由于以上该网络在设计时对 STBC 自身编码特性的考虑不够充分，模型架构较为单一。ResNet 网络的识别性能与基于高阶累积量的 HOS 相当，但较 MMFFN 而言仍有一定的提升空间。本节网络兼顾了多时延与多时序特征的互补性和深度学习模型的特征自提取能力，在低信噪比下的性能较传统算法和现有深度学习算法均有一定性能上的提升，考虑到通信信号常在低信噪比下的复杂环境中传输，因而提升空时分组码在低信噪比下的识别性能具有重要意义。

为分析本节算法与经典深度学习算法的复杂度，从网络的空间（模型参数量)和时间复杂度(单个样本识别耗时,样本维度均为 2 × 128)两个角度进行对比,不同网络的计算复杂度如表 3-4 所示。

表 3-4　网络复杂度分析

网络	空间复杂度	时间复杂度/ms
MMFFN	476998	0.106
CNN-BC	2636966	0.097
ResNet	138086	0.013
CNN-LSTM	1059522	0.319

从表中可以看出,本节网络的空间复杂度和时间复杂度相对较低,结构框架较为精炼,模型设计较现有深度学习算法更具合理性。ResNet 网络虽具有最低的空间和时间复杂度,但识别性能与 MMFFN 还有一定差距。时间复杂度方面,由于 MMFFN 网络嵌入的 LSTM 层需依赖多时间步信息更新神经元,单样本识别耗时大于仅采用前馈结构的 CNN-BC 网络,但 CNN-BC 的时间复杂度与 MMFFN 相当,且空间复杂度远大于 MMFFN。CNN-LSTM 由于堆叠了多层 LSTM 使得识别时间大幅增加,且仅能识别最基本的 SM 和 AL 两类 STBC 编码方式,低信噪比下识别准确率低,而 MMFFN 通过单层 LSTM 即获取了性能上的较大提升,由此反向验证了本节嵌入的 LSTM 层在网络框架构建过程中的有效性。综合考虑识别性能与计算复杂度,本节网络在识别准确率和效率上的综合性能最优。

3.5　本章小结

针对空时分组码识别问题,本章首先介绍了基于经典深度学习框架的 STBC 识别算法,采用接收端时域 I/Q 信号作为输入样本,实现了对包括传统算法理论上无法识别的编码矩阵长度相同的 STBC 在内的 6 类空时分组码的识别,克服了传统算法对先验信息要求高、对非协作通信条件的适应性较差的问题,并进一步提升了 STBC 识别算法在低信噪比下的识别性能。此外,本章结合融合特征互补性与深度学习技术优势,介绍了一种基于多模态特征融合识别网络的空时分组码识别算法。该算法依据接收端不同 STBC 信号相关性差异,采用非连续时间窗的扩张卷积提取时域合并特征向量的多时延特征;利用码间时序特征与码内时延特征的互补性,构建多时序特征自提取模块提取 STBC 多时间步特征,进一步增强了特征的多样性和对低信噪比环境适应性;设计最大时延特征融合模块融合各类映射特征,从而有效地解决了单一特征表征能力差、各时延信息互补性利用不充分的问题。不同于现有深度学习算法的是,本章的 MMFFN 网络充分考虑了传统识别算法依据的 STBC 编码特性——相关性,将传统算法的识别思路通过扩张卷积引入到深度学习模型中,该思想可为其他通信信号识别提供有力借鉴。

第 4 章　基于互相关时频图像和 DMRN 网络的 SFBC-OFDM 识别算法

4.1 引　　言

在非协作通信情况下,从接收信号中对发射机通信信号类型进行识别,是通信侦察和软件无线电领域的一个重要研究课题。随着频谱资源的短缺,多输入多输出系统与正交频分复用技术的结合因其频带利用率高和抗多径干扰能力强的优势,得到了越来越广泛的应用[18]。在实际通信过程中,信号往往需要在低信噪比的恶劣信道条件下传输,信号受噪声和信道衰减的影响较大,因此,如何从强干扰环境中正确识别发射机信号类型亟待解决。现有的空频分组码识别方法较少,且以人工提取特征的传统算法为主,其性能依赖于专业知识和经验,识别性能受到一定限制。

近年来,国内外学者逐步将深度学习应用于通信信号处理领域中。在调制识别领域,应用较为广泛方法的是将信号在时域上的同相和正交分量拼接成二维矩阵,作为训练样本输入网络以实现识别[53-54]。在雷达辐射源信号识别领域,文献[55-56]利用时频变换将时域信号转化为时频图像,从而将信号识别问题转换为图像识别问题,以适应深度学习方法在该领域的应用。以上方法[53-56]的成功实现说明了深度学习技术应用于 SFBC-OFDM 信号识别的可行性,但利用空频分组码的特征存在于频域上的相关性,利用时域的同相和正交分量与直接进行时频变换得到的时频图像均无法对其进行有效识别,因此找到一种适用于空频分组码的二维特征提取和图像预处理方法,并构建与之相适应的神经网络结构,成为了 SFBC-OFDM 信号识别领域一个具有挑战性的问题。

为克服以上缺陷,本章介绍了一种基于深度多级残差网络(Deep Multilevel Residual Network, DMRN)的 SFBC 自动分类识别算法,可自动获取 SFBC 码的深层特征,提升识别精度。该算法由 3 部分组成:SFBC 互相关序列时频分析与降噪、非时钟同步预处理和基于多级残差的深度 SFBC 识别网络。首先对接收端互相关幅值序列进行时频分析得到二维时频图像,并采用叠加均值的方法进行时频域降噪以稳定 AL-OFDM 码峰值;然后,通过非时钟同步拼接的方法,确保在任何时延情况下总有一组特征靠近图片中心,解决了不同时延下识别性能不稳定的问题;最后针对时频图像特征细微的问题,介绍了一种适用于 SFBC 识别的 DMRN 模型,使得浅层网络的细节信息和深层网络映射的高维特征能够充分融合,进一步提升了低信噪比下的识别性能。

本章的内容安排如下:4.2 节首先对空频分组码通信系统的信号模型进行介绍;4.3 节对已提取的 SFBC-OFDM 信号特征——频域互相关峰值序列的预处理流程进行详细叙述,包括维度变换、噪声抑制与非时钟同步拼接;4.4 节对深度多级残差网络模型框架和基于 DMRN 的空频分组码识别系统进行介绍,并对算法的性能进行了测试与分析;4.5 节对本章的内容进行总结。

4.2　信号模型

空频分组码将空间编码(SBC)与 OFDM 技术相结合,使得信号在充分利用空间资源的同时,进一步挖掘可传输的频谱资源,有效地扩大了信道的信息容量，其实现过程主要包括 SBC 编码与快速傅里叶逆变换两步，MIMO-OFDM 发射机模型如图 4-1 所示[18]。

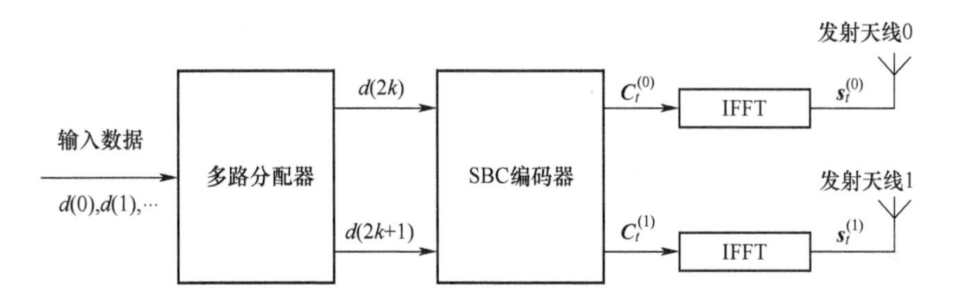

图 4-1　MIMO-OFDM 发射机示意图

考虑利用 2 根发射天线（$n_t = 2$）的 MIMO 系统，待编码的数据流首先通过多路分配器分解成两路子数据流，然后输入 SBC 编码器实现 SM 或 AL 编码。SM 码和 AL 码的编码矩阵为

$$\boldsymbol{C}^{(\mathrm{SM})}(d_t(2k),d_t(2k+1)) = \begin{bmatrix} d_t(2k) \\ d_t(2k+1) \end{bmatrix} \tag{4-1}$$

$$\boldsymbol{C}^{(\mathrm{AL})}(d_t(2k),d_t(2k+1)) = \begin{bmatrix} d_t(2k) & -d_t^*(2k+1) \\ d_t(2k+1) & d_t^*(2k) \end{bmatrix} \tag{4-2}$$

式中：$d_t(2k)$ 和 $d_t(2k+1)$ 分别表示数据集 $\boldsymbol{d}_t$ 中的第 $2k$ 列和第 $2k+1$ 列数据。经过编码后数据集 $\boldsymbol{d}_t$ 由 $1 \times 2N$ 维变为 $N_t \times UN$，其中对于 SM 码 $U = 1/2$，对于 AL 码 $U = 1$。将编码后两路数据分别表示，即 $\boldsymbol{C}_t^{(f)} = [c_t^{(f)}(0), c_t^{(f)}(1),\cdots c_t^{(f)}(UN-1)]$，然后进行快速傅里叶逆变换（Inverse Fast Fourier Transform，IFFT）以生成 OFDM 符号：

$$x_t^{(f)}(n) = \frac{1}{\sqrt{UN}} \sum_{k=0}^{UN-1} c_t^{(f)}(k) \mathrm{e}^{\mathrm{j}\frac{2\pi kn}{UN}} \tag{4-3}$$

式中：$n = 0,1,\cdots,UN-1$；$f = 0,1$ 代表发射 OFDM 符号的天线编号。最终经由两根发射天线传输的信号为

$$\boldsymbol{s}_t^{(0)} = [x_t^{(0)}(0), x_t^{(0)}(1), \cdots, x_t^{(0)}(UN-1)] \tag{4-4}$$

$$\boldsymbol{s}_t^{(1)} = [x_t^{(1)}(0), x_t^{(1)}(1), \cdots, x_t^{(1)}(UN-1)] \tag{4-5}$$

考虑利用 N_t 根发射天线和 n_r 根接收天线的 MIMO-OFDM 系统,则接收端第 v 根天线的第 m 个接收信号可表示为

$$r^{(v)}(m) = \sum_{f=0}^{1} h_{fv} \boldsymbol{s}^{(f)}(m) + n^{(v)}(m) \tag{4-6}$$

式中: h_{fv} 为发射天线 f 与接收天线 v 之间的信道系数; $n^{(v)}(m)$ 代表加性高斯白噪声; $s^{(f)}(m)$ 为天线发射 f 发出的第 m 个信号; $v=0,1,\cdots,n_r-1$。本章考虑在 SFBC 中最常用的 SM 与 AL 两种编码方式[22]。

4.3 时频域特征降噪及预处理

4.3.1 频域互相关峰值序列

空频分组码的互相关特性分析需要计算两根接收天线之间的二阶互相关函数,因此需要接收天线数 $n_r \geqslant 2$。不失一般性,考虑 $n_r = 2$ 的 MIMO-OFDM 系统,则定义如下的二阶互相关函数:

$$R(m,\tau) = \mathrm{E}[r^{(0)}(m) r^{(1)}(m+\tau)] \tag{4-7}$$

式中: $\mathrm{E}[\cdot]$ 为数学期望; τ 为互相关函数的时延。对于 SM 码,根据式(4-1)和式(4-3)~式(4-7),由于传输的数据符号是独立同分布的,容易得到:

$$R^{(\mathrm{SM})}(m,\tau) = 0 \tag{4-8}$$

对于 AL 码,考虑到经过信道和噪声后的表达式较为复杂,因此首先推导发射端的互相关函数,选取时延 $\tau = N/2$,则由式(4-3)可得

$$\begin{aligned} R_s(n, N/2) &= \mathrm{E}[x_t^{(0)}(n) x_t^{(1)}(n+N/2)] \\ &= \frac{1}{N} \mathrm{E}\left[\sum_{k_0=0}^{N-1} c_t^{(0)}(k_0) \mathrm{e}^{\mathrm{j}\frac{2\pi k_0 n}{N}} \times \sum_{k_1=0}^{N-1} c_t^{(1)}(k_1) \mathrm{e}^{\mathrm{j}\frac{2\pi k_1 (n+N/2)}{N}}\right] \end{aligned} \tag{4-9}$$

式中：$R_s(n,N/2)$ 的下标 s 表示发射端；$c_t^{(0)}(k_0)$ 和 $c_t^{(1)}(k_1)$ 分别为编码后的两路数据 $\boldsymbol{C}_t^{(0)}$ 和 $\boldsymbol{C}_t^{(1)}$ 的第 k_0 项和第 k_1 项，k_0 与 k_1 的取值不相关，因而均值内有 $N \times N = N^2$ 项参数。由式(4-2)可知，$\boldsymbol{C}_t^{(0)}$ 和 $\boldsymbol{C}_t^{(1)}$ 中元素的相关性如图 4-2 所示。

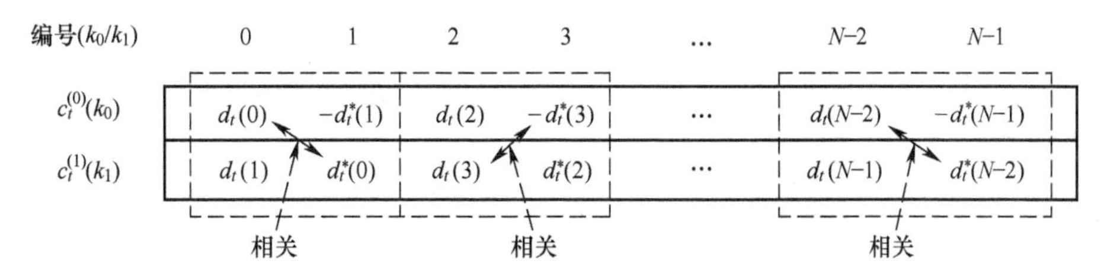

图 4-2　编码序列的相关性示意图

从图中可以看出，只有在同一个编码矩阵内，$c_t^{(0)}(k_0)$ 和 $c_t^{(1)}(k_1)$ 相互交叉的两项才具有相关性，其余项均不相关且取均值后为 0，因而式(4-9)可化为

$$
\begin{aligned}
R_s(n,N/2) &= \frac{1}{N}\mathrm{E}\left[\sum_{k_0=0}^{N-1} c_t^{(0)}(k_0)\mathrm{e}^{\mathrm{j}\frac{2\pi k_0 n}{N}} \times \sum_{k_1=0}^{N-1} c_t^{(1)}(k_1)\mathrm{e}^{\mathrm{j}\frac{2\pi k_1(n+N/2)}{N}}\right] \\
&= \frac{1}{N}\mathrm{E}\Big[c_t^{(0)}(0)c_t^{(1)}(1)\mathrm{e}^{\mathrm{j}\frac{2\pi(n+N/2)}{N}} + c_t^{(0)}(0)c_t^{(1)}(1)\mathrm{e}^{\mathrm{j}\frac{2\pi n}{N}} \\
&\quad + c_t^{(0)}(2)c_t^{(1)}(3)\mathrm{e}^{\mathrm{j}\frac{2\pi(5n+3N/2)}{N}} + c_t^{(0)}(3)c_t^{(1)}(2)\mathrm{e}^{\mathrm{j}\frac{2\pi(5n+N)}{N}} \\
&\quad + \cdots + c_t^{(0)}(N-1)c_t^{(1)}(N-2)\mathrm{e}^{\mathrm{j}\frac{2\pi[(2N-3)n+N^2/2-N]}{N}}\Big] \\
&= \frac{\sigma_s^2}{N}\Big[\mathrm{e}^{\mathrm{j}\left(\frac{2\pi n}{N}+\pi\right)} - \mathrm{e}^{\mathrm{j}\frac{2\pi n}{N}} + \mathrm{e}^{\mathrm{j}\left(\frac{10\pi n}{N}+3\pi\right)} - \mathrm{e}^{\mathrm{j}\left(\frac{10\pi n}{N}+2\pi\right)} \\
&\quad + \cdots + \mathrm{e}^{\mathrm{j}\left(\frac{2(2N-3)n\pi}{N}+(N-1)\pi\right)} - \mathrm{e}^{\mathrm{j}\left(\frac{2(2N-3)n\pi}{N}+(N-2)\pi\right)}\Big]
\end{aligned}
\tag{4-10}
$$

可以看出，当时延 $\tau = N/2$ 时计算得到的发射端互相关函数 $R_s(n,N/2)$ 恰好可以得到相位相差 π 的两项，式(4-10)进一步可化为

$$
\begin{aligned}
R_s(n,N/2) &= \frac{\sigma_s^2}{N}\left[-2\mathrm{e}^{\mathrm{j}\frac{2\pi n}{N}} - 2\mathrm{e}^{\mathrm{j}\left(\frac{10\pi n}{N}\right)} \cdots - 2\mathrm{e}^{\mathrm{j}\left(\frac{2(2N-3)n\pi}{N}\right)}\right] \\
&= \frac{-2\sigma_s^2}{N}\left[\mathrm{e}^{2\pi j\left(\frac{n}{N}\right)} + \mathrm{e}^{(2\pi+8\pi)\mathrm{j}\left(\frac{n}{N}\right)} + \cdots + \mathrm{e}^{(2\pi+4(N-2)\pi)\mathrm{j}\left(\frac{n}{N}\right)}\right]
\end{aligned}
\tag{4-11}
$$

从该式可以看出,当 $\frac{n}{N}=0,\frac{1}{4},\frac{1}{2},\frac{3}{4}$ 时,相邻两项的相位刚好相差 2π 周期的整数倍,取其余值时则相差 π 的奇数倍,因而式(4-11)可进一步化为

$$
R_s(n,N/2) = \begin{cases} -\sigma_s^2, & \frac{n}{N}=0 \\ -\mathrm{j}\sigma_s^2, & \frac{n}{N}=\frac{1}{4} \\ \sigma_s^2, & \frac{n}{N}=\frac{1}{2} \\ \mathrm{j}\sigma_s^2, & \frac{n}{N}=\frac{3}{4} \\ 0, & \frac{n}{N}\ \text{为其他} \end{cases} \tag{4-12}
$$

对式(4-12)取幅值,则 AL 码发射端相关函数 $R_s(n,N/2)$ 在一个长度为 N 的 OFDM 块中有四个峰值。在接收端,根据信号与噪声不相关的假设和式(4-6),易知接收信号的互相关函数也存在峰值。考虑互相关序列 $\boldsymbol{y}=[y(0),y(1),\cdots y(m),\cdots,y(K-1)]$,其中 $y(m)=r^{(0)}(m)r^{(1)}(m+N/2)$,对该序列进行 DFT 变换可以观察出其统计特性:

$$
Y(k)=\sum_{m=0}^{K-1} y(m)\mathrm{e}^{-\mathrm{j}\frac{2mk}{K}} \tag{4-13}
$$

其中,$k=0,1,\cdots,K-1$。在接收端,序列 $\boldsymbol{Y}^{\mathrm{AL}}$ 的幅值存在峰值,而 $\boldsymbol{Y}^{\mathrm{SM}}$ 则不存在峰值。对 SM 码和 AL 码在发射端和接收端相关函数的幅值进行仿真分析,令 $N=64$,选取 OFDM 块数 $N_o=2048$,结果如图 4-3 所示。

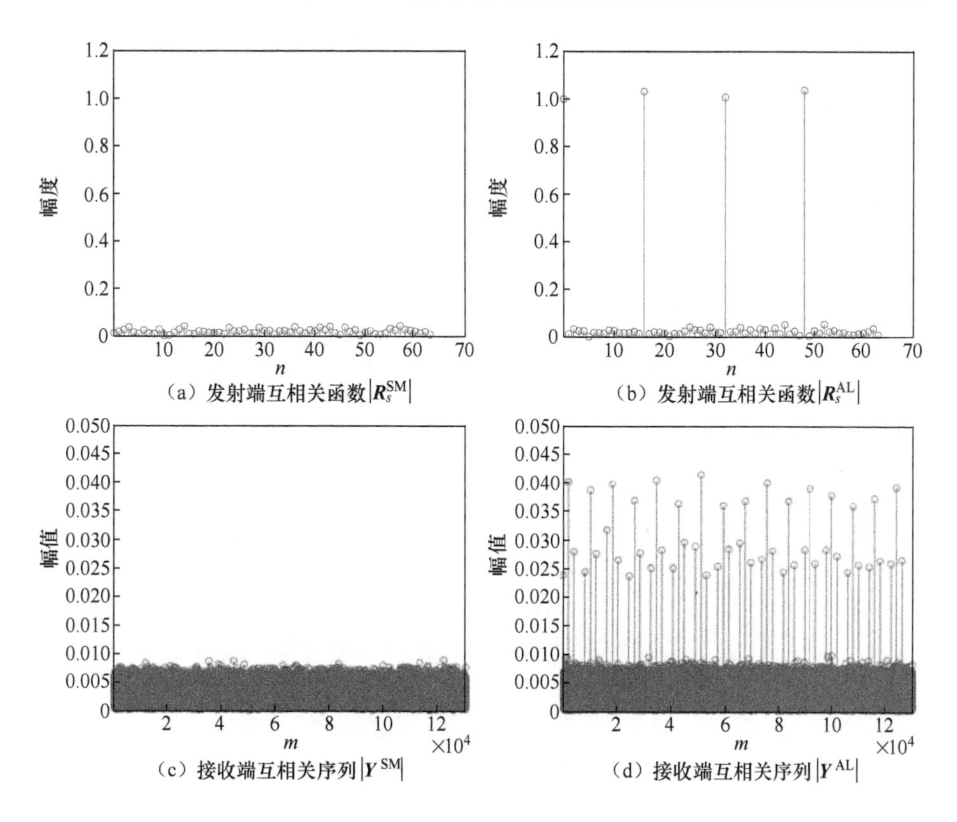

(a) 发射端互相关函数 $|\boldsymbol{R}_s^{\mathrm{SM}}|$　(b) 发射端互相关函数 $|\boldsymbol{R}_s^{\mathrm{AL}}|$

(c) 接收端互相关序列 $|\boldsymbol{Y}^{\mathrm{SM}}|$　(d) 接收端互相关序列 $|\boldsymbol{Y}^{\mathrm{AL}}|$

图 4-3　空频分组码互相关特性分析

从图中可以看出,AL-OFDM 信号在发射端和接收端均展现出明显的峰值,而 SM-OFDM 信号则不存在类似的峰值,仿真结果与 SFBC-OFDM 互相关特性分析的理论推导一致。

4.3.2　维度变换与噪声抑制

在通信信号识别领域,现有的将深度学习算法应用于串行序列识别的成功案例中[34-35],往往采用将接收信号的 I/Q 两路分开,并选取适当的长度组成 $2 \times N$ 维数据样本输入卷积网络,但该方法不适用于本章的 SFBC-OFDM 信号识别。通过互相关特性分析得到的互相关幅值序列不存在 I 路和 Q 路,且该一维数据的峰值较为稀疏,直接输入神经网络的识别性能较差，因而将其转化为二维互相关时频图像以适应深度学习方法。

考虑到在计算机视觉领域，输入层的图片维度常采用边长相同的方形结构，且边长往往取 2 的幂次方，故将已转换到频域的互相关序列 $|\boldsymbol{Y}|$ 按照 OFDM 块的长度 $N=64$ 进行划分，每 64 块 OFDM 符号作为一张图片，得到维度为 64×64 的二维时频图像，其幅值如图 4-4 所示。图中坐标轴 OFDM 符号表示截取长度为 64 的 OFDM 块，符号索引为对应的 OFDM 块编号。从图中可以看出，AL-OFDM 信号的互相关时频图像存在周期性的峰值，且峰值

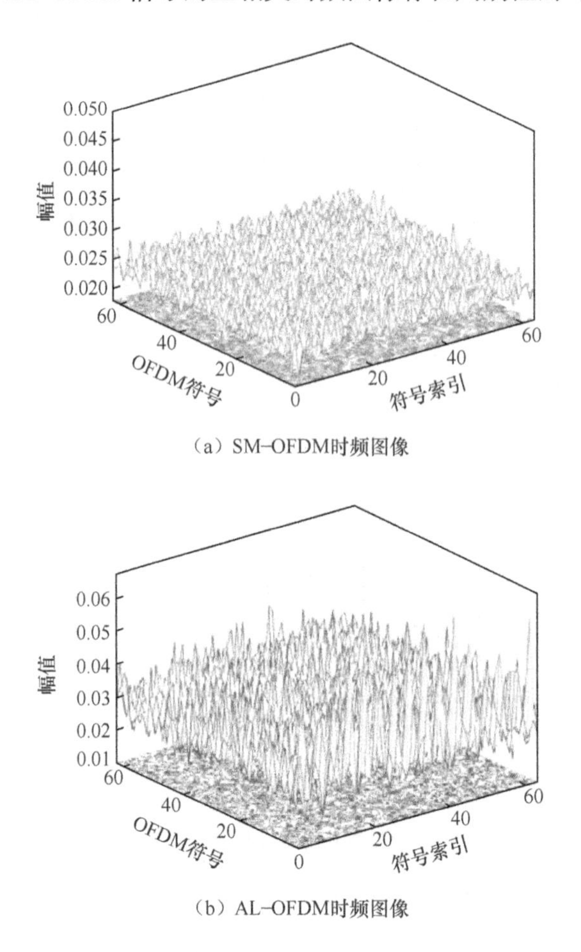

（a）SM-OFDM时频图像

（b）AL-OFDM时频图像

图 4-4 SFBC-OFDM 信号互相关时频图像

恰好排列在每个 OFDM 符号第一个子载波的位置,而 SM-OFDM 信号则不存在明显的峰值。该方法使得信号的特征更加集中,有效提高了峰值特征的密集程度。

由图 4-4(b)可知,因采集的信号数据流较少,信号在传输过程中受信道和噪声干扰,AL-OFDM 码的峰值存在较大波动,在低信噪比下该特征更加难以显现,导致识别性能较差。考虑到该峰值呈周期性排列,且顺序提取的互相关序列经时频分析后特征位置不变,为突出 AL-OFDM 信号的峰值特性,进一步提升图像质量,本章利用该性质特点,将多张时频图像叠加以提升抗噪性能,在削弱噪声干扰的同时使得峰值更加稳定,更利于神经网络对图片特征的提取。因此本章对 SFBC 互相关时频图像进行均值叠加处理:

$$\overline{\boldsymbol{X}}_i = \frac{1}{N_s}\sum_{j=1}^{N_s}\boldsymbol{X}_j \tag{4-14}$$

式中:N_s 为叠加的时频图像数。由于峰值的波动具有随机性,将多张时频图像叠加可以稳定 AL-OFDM 互相关峰值,达到削弱噪声干扰,提升特征可辨识程度的目的。均值处理后的 AL-OFDM 信号互相关时频图像如图 4-5 所示,从图中可以看出,处理后的 AL-OFDM 互相关图像的峰值可辨识程度更高,利用该峰值特性可有效地对 SFBC-OFDM 信号进行识别。

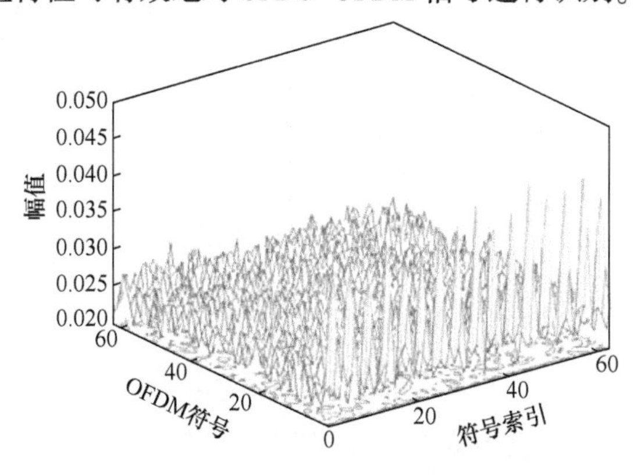

图 4-5　AL-OFDM 信号取均值后的互相关时频图像

4.3.3 非时钟同步拼接

在实际的通信系统中,接收端的第一个信号可能不是发射端 OFDM 块的第一个子载波,在这种非时钟同步(Non-Clock Synchronization, NCS)的情况下,时频图像的峰值会发生明显的偏移,导致神经网络模型对 SFBC 码的识别性能不稳定。图 4-6 为不同时延下的 AL-OFDM 信号互相关时频图像。

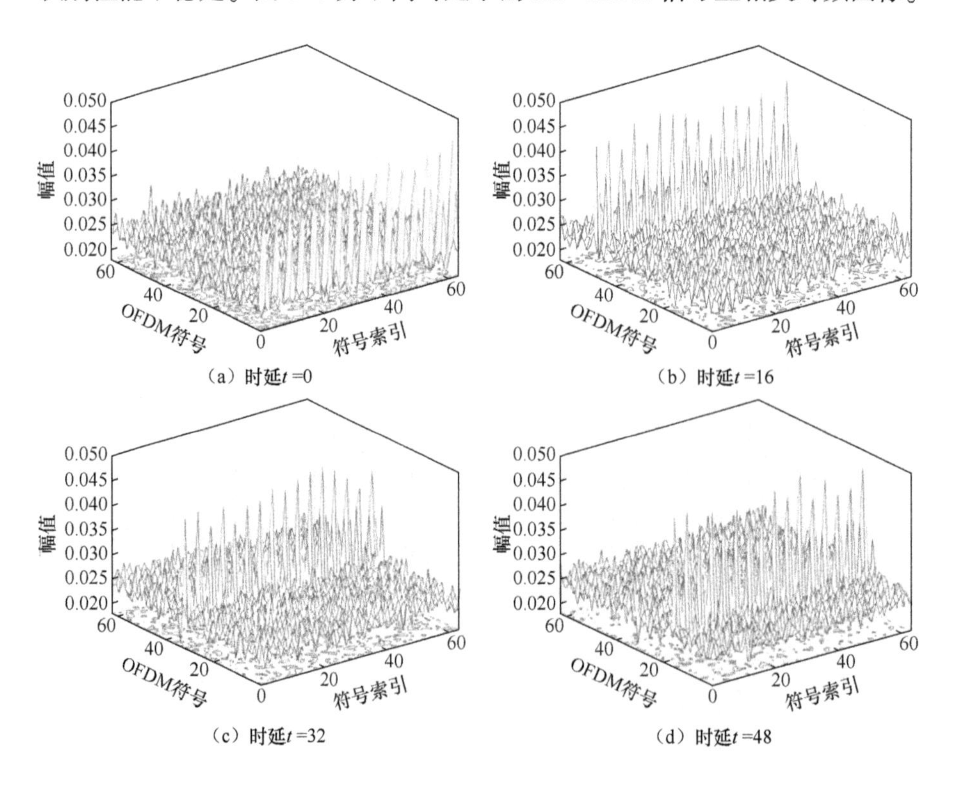

(a) 时延t=0 (b) 时延t=16

(c) 时延t=32 (d) 时延t=48

图 4-6 不同时延下 AL-OFDM 信号互相关时频图像

如图 4-6 所示,在不同时延下 AL 码峰值的位置有着明显不同。根据卷积神经网络的工作原理,接近图像中心的特征在卷积核平移时能够被其多次利用(图 4-6),而边缘化的特征则无法有效利用(在图 4-6 所示的情况下,时频图像的峰值在执行完一次卷积后就不再被利用)。针对以上问题,本章介绍了一种在各种时延下均适用的预处理方法——拼接，将两张时频图像进行非时钟同步拼接(Non-Clock Synchronous Splicing, NCSP)处理：

$$\overline{\boldsymbol{x}}_i = [\overline{\boldsymbol{X}}_{2i}, \overline{\boldsymbol{X}}_{2i+1}] \tag{4-15}$$

式中：$\overline{\boldsymbol{X}}_{2i}$ 和 $\overline{\boldsymbol{X}}_{2i+1}$ 分别表示去噪后第 $2i$ 个和第 $2i+1$ 个时频图像。采用按列拼接的方式，则预处理后时钟同步(时延 $t=0$)与不同步(以时延 $t=16$、32、48 为例)下的时频图像如图 4-7 所示。

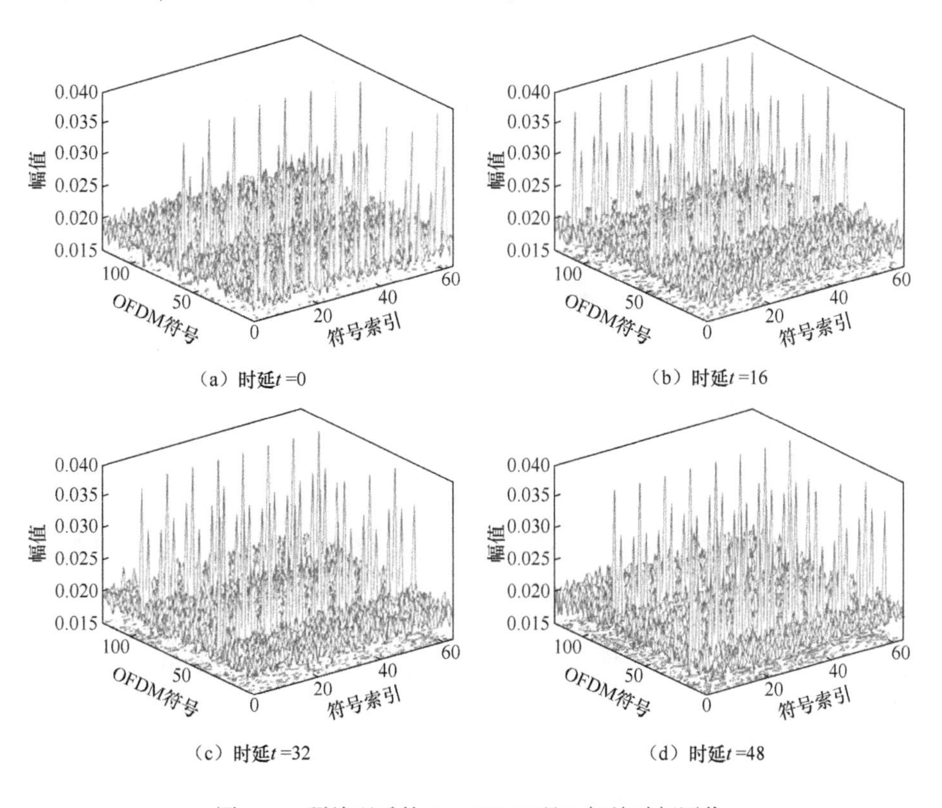

(a) 时延t=0　(b) 时延t=16

(c) 时延t=32　(d) 时延t=48

图 4-7　预处理后的 AL-OFDM 码互相关时频图像

如图 4-7 (a)所示，在时钟同步(时延 $t=0$)的情况下，时频图像的一组峰值在 OFDM 符号的第一个子载波的位置(第 1 列)，另一组峰值则恰好在图像的中心(第 65 列)。同理，如图 4-7 (b)～(d)所示，在时钟不同步(时延 $t=16$、32、48)的情况下，因两组峰值的列数之差恰等于 OFDM 块长度 N，当其中一组子载波的峰值在图片边缘时,另一组峰值则必然在接近图片中心的位置。该拼接方法使得时频图像总有一组峰值靠近中心,更利于卷积核提取互相关特征。综上所述,本章的信号预处理流程如图 4-8 所示。

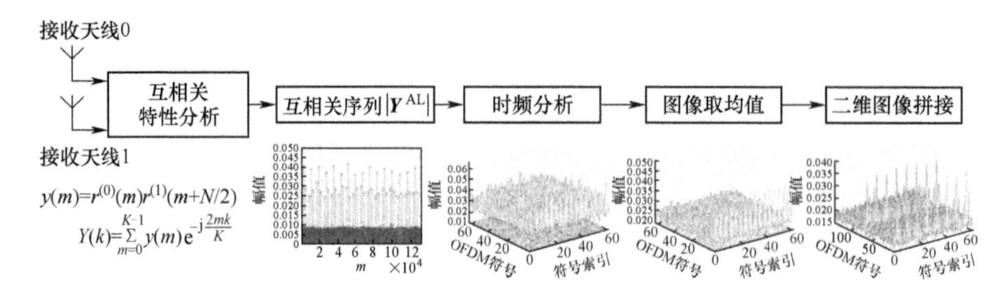

图 4-8　空频分组码信号预处理流程

4.4　深度多级残差网络模型

4.4.1　多级残差单元

卷积神经网络在计算机视觉领域取得了巨大的进展。理论上更多的卷积层可以拟合任意复杂的非线性函数,并给网络带来更好的性能,但实际上随着网络层数的增加,网络性能会达到饱和甚至发生退化。文献[42]介绍了一种解决该问题的残差网络模型,每个残差单元(Residual Unit, RU)的输出可表示为

$$\boldsymbol{y}_l = h(\boldsymbol{x}_l) + F(\boldsymbol{x}_l, \boldsymbol{W}_l) \tag{4-16}$$

$$\boldsymbol{x}_{l+1} = f(\boldsymbol{y}_l) \tag{4-17}$$

式中:$\boldsymbol{x}_l$ 和 $\boldsymbol{x}_{l+1}$ 分别为第 l 个残差块的输入和输出;F 为残差映射函数;h 为跨越连接部分的映射函数,在恒等映射下满足 $h(\boldsymbol{x}_l)=\boldsymbol{x}_l$;$f$ 为 ReLU 激活函数。残差单元在两层卷积的基础上增加了一条跨越连接,这种连接方式使得数据可以跨层流动,并有效地解决了梯度消散的问题。通过对残差单元

的叠加,深度残差网络的性能可随着网络层数的增加而稳定提升,从而降低了网络结构的设计难度。

跨越连接使得残差网络能够利用多层之前的图片初始特征,从而提升了卷积层对信号的识别能力。但针对本章预处理后的空频分组码互相关时频图像,残差网络无法对其进行有效识别,这是由于单一跨越连接的网络结构紧密性较差,无法对浅层网络提取的细节信息和深层网络映射的高维特征进行融合,深层卷积提取的空间特征丢失了部分细节信息,导致其无法提取 SFBC-OFDM 信号的有效特征。此外,在低信噪比下,信号受噪声的干扰较大,对 AL-SFBC 信号进行互相关特性分析后得到的特征不明显,使得时频图像的峰值“湮没”在噪声中。

因此,本章在单一跨越连接的基础上分层增加跨越连接,构成多级残差单元(Multilevel Residual Unit, MRU),在不增加模型空间复杂度的条件下,改善 ResNet 网络的深层优化能力,其结构如图 4-9 所示。

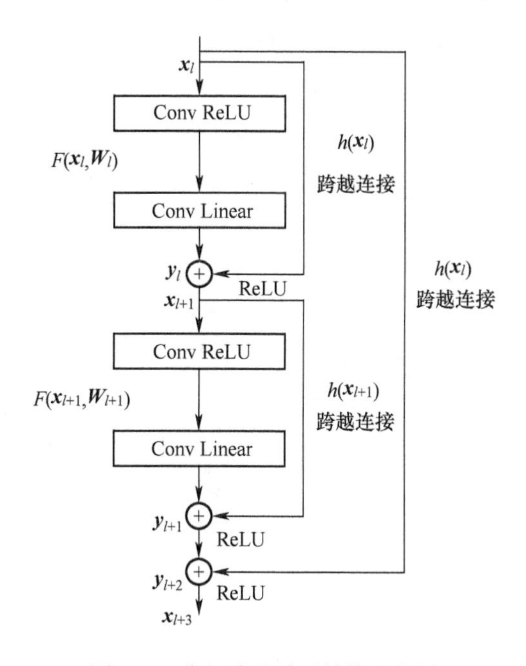

图 4-9　多级残差单元结构示意图

在图 4-9 中,前两层和后两层卷积在增加跨越连接后分别构成两个一级残差单元,2 个一级残差单元和跨越连接 $h(\boldsymbol{x}_l)$ 构成二级残差单元。设第 l 个二级残差单元的输入为 $\boldsymbol{x}_l$,则各残差单元的输出为

$$\boldsymbol{x}_{l+1}=f(h(\boldsymbol{x}_l)+F(\boldsymbol{x}_l,\boldsymbol{W}_l)) \tag{4-18}$$

$$\boldsymbol{x}_{l+2}=f(h(\boldsymbol{x}_{l+1})+F(\boldsymbol{x}_{l+1},\boldsymbol{W}_{l+1})) \tag{4-19}$$

$$\boldsymbol{x}_{l+3}=f(h(\boldsymbol{x}_l)+f(h(\boldsymbol{x}_{l+1})+F(\boldsymbol{x}_{l+1},\boldsymbol{W}_{l+1}))) \tag{4-20}$$

从输出 $\boldsymbol{x}_{l+3}$ 可分析出,多级残差单元的输出不仅包含映射函数 $F(\boldsymbol{x}_{l+1},\boldsymbol{W}_{l+1})$,而且融合了本级和上一级残差块的输入 $\boldsymbol{x}_{l+1}$ 和 $\boldsymbol{x}_l$ 。因此,多级残差能够充分利用跨越多层的特征信息,融合浅层网络的细节信息和深层网络映射的高维特征,使网络的结构更加紧凑。

4.4.2　DMRN 网络框架

一般残差网络输入图像的维度较大,且图像特征分布较广,不利于提取 SFBC 时频图像的细微特性。为适应输入图像维度较小和特征细微的特点,本章在文献[42]基础上进行了如下改进:网络的主干部分如图 4-10 所示,原网络仅有一个池化层,本章在每两个二级残差单元之间增加池化层,实现对图片快速降维的同时保留峰值特征信息,设 $G_i(\boldsymbol{x})$ 为第 i 个网络层的输出,则残差-池化网络部分的输出为

$$G_{20}(\boldsymbol{x})=f(F(\mathrm{down}(\boldsymbol{x}_{19}),\boldsymbol{W}_{19})) \tag{4-21}$$

式中: $\mathrm{down}(\cdot)$ 为池化函数。此外,本章采用最大池化代替原网络的平均池化,以最大限度保留初始的互相关峰值特征。考虑到输出层的分类类别较少,故将原有的 1 层全连接改为 3 层,防止因权值参数减少过快而导致信息丢失。

由于文献[12]中图片的输入维度为 224×224,与本章互相关时频图像的输入维度不同,因此将输入层的维度设计为 64×128,以适应 SFBC 信号预处理图像的输入维度。此外,为将 SFBC 时频图像压缩成适合神经网络处理的

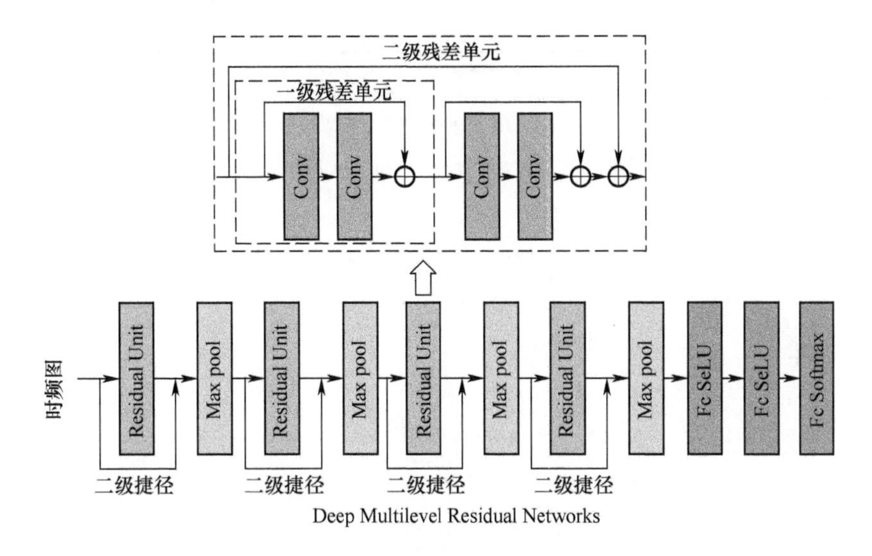

图 4-10　DMRN 网络结构示意图

方形结构,除第一个池化层的步长设置为(1,2)以外,其余各层均为(1,1)。

考虑到该互相关时频图像不同于一般的视觉图片,其特征为两条平行排列的峰值,且分布较为稀疏,为了充分利用该峰值按列平行分布的特点,提高识别性能,本章将基本残差单元中的卷积核大小设置为 4 × 8,通过增加横向维度提高峰值的利用率,使得卷积核在更多步内能提取到图像特征,网络各层的具体参数设置如表 4-1 所示。

表 4-1　DMRN 网络参数设置

层名称	参数设置
输入层	input =64×128
二级残差单元 1	filters = 32, kernel size = (4,8), padding = ‘same’, strides = (1,1), ReLU 激活函数
最大池化层	pool size = (2,2), padding = ‘valid’, strides = (1,2), ReLU 激活函数
二级残差单元 2	filters = 32, kernel size = (4,8), padding = ‘same’, strides = (1,1), ReLU 激活函数

续表

层名称	参数设置
最大池化层	pool size = (2,2), padding = ‘valid’, strides = (1,1), ReLU 激活函数
二级残差单元 3	filters = 32, kernel size = (4,8), padding = ‘same’, strides = (1,1), ReLU 激活函数
最大池化层	pool size = (2,2), padding = ‘valid’, strides = (1,1), ReLU 激活函数
二级残差单元 4	filters = 32, kernel size = (4,8), padding = ‘same’, strides = (1,1), ReLU 激活函数
最大池化层	pool size = (2,2), padding = ‘valid’, strides = (1,1), ReLU 激活函数
全连接层 1	units = 128, SeLU 激活函数
全连接层 2	units = 64, SeLU 激活函数
全连接层 3	units = 2, Softmax 激活函数

4.4.3 基于 DMRN 的空频分组码识别系统

空频分组码识别系统如图 4-11 所示,算法的实现步骤如下。

步骤 1:在已在 SFBC 码类型下,对互相关幅值序列进行时频域降噪及预处理,获取互相关时频图像。

步骤 2:将时频图像 x 与类型标签 y 对应连接作为训练样本。

步骤 3:将带标签的样本输入网络,通过监督训练得到 DMRN 模型参数。

步骤 4:测试样本经过相同预处理后送至 DMRN 模型进行识别验证,采用无监督方式完成测试过程。

4.4.4 性能测试与分析

仿真信号选取 OFDM 块的子载波数 $N = 64$,每个样本所需的 OFDM 块数为 $N_b = 128$,采用 QPSK 调制对生成信号进行星座映射。在设置信道参数时,使用频段不平坦的频率选择信道,选取的独立路径数为 $L_h = 3$,接收天线数取 $n_r = 2$。信噪比范围为-15~10dB(步长 1dB),在每种信噪比下的每类

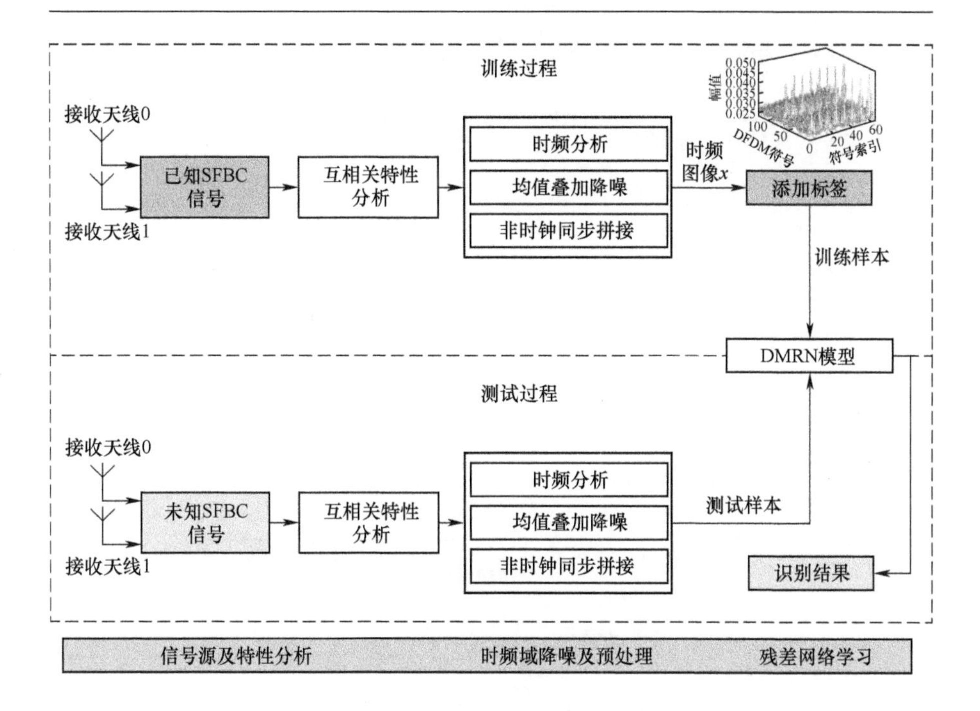

图 4-11　基于 DMRN 的空频分组码识别系统

SFBC 码产生 100 个样本，故总样本数为 4200，训练集占总样本的 50%，其余 50%为测试集。

模型的训练和测试在 Intel(R) Core(TM) i7-9700 CPU 和 16GB 内存的环境下进行，并使用支持 CUDA 环境的 NVIDIA GeForce RTX 2080 Ti GPU 对网络的学习和测试过程加速，数据集采用 Matlab 软件仿真产生并进行预处理。在设置模型的优化参数时，本章采用 Adam 优化器进行最优解求解，并选取交叉熵作为损失函数。

实验 1　预处理效果分析

图 4-12 为不同叠加时频图像数 $N_s \in [10,40]$ 及未降噪条件下，识别准确率随信噪比的变化曲线。从图中可以看出，识别准确率随信噪比的增加而稳步提升，在同一信噪比条件下，叠加的时频图像数越多，网络性能也相对更好。叠加图像数 N_s 增加到 20 后性能提升有限，且带来额外的数据集开

销,因此本章选取 $N_s = 20$ 进行时频域降噪处理。

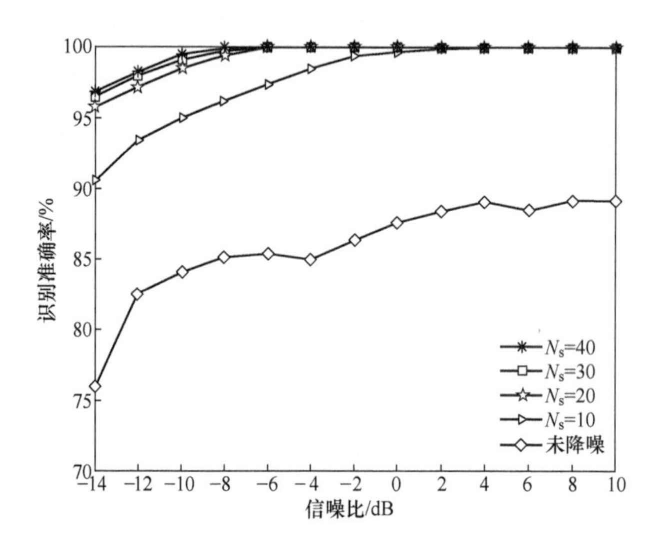

图 4-12　不同叠加图像数对的识别性能的影响

为验证非时钟同步拼接的有效性,在时钟同步(时延 $t = 0$)和不同步(以接收端时延等于 OFDM 子载波长度的 1/4、1/2 为例)情况下,对拼接前后的识别性能进行实验,结果如图 4-13 所示。经分析可知:①拼接处理后算法在 3 种时延条件下识别性能提升较大,低信噪比下明显优于未处理的情况,在-10dB 时准确率均达到了 98%以上;②时延 $t = 32$ 在拼接前后的性能均略优于其余 2 种情况,这是由于该时延下的时频图像峰值处于靠中心位置,可提取到峰值特征的有效区域更大;③时钟同步条件下,未拼接处理的识别性能较差,原因在于其峰值特征边缘化严重,NCSP 处理后性能明显改善。NCSP 处理可确保不同时延下总有中心化的峰值特征,因而有效解决了非时钟同步下的识别问题。

实验 2　非时钟同步拼接有效性验证

为进一步分析非时钟同步拼接带来的额外样本开销,在总信号数相同的条件下进行实验,NCSP 训练样本数 S 设置为未拼接处理的 1/2,识别结果

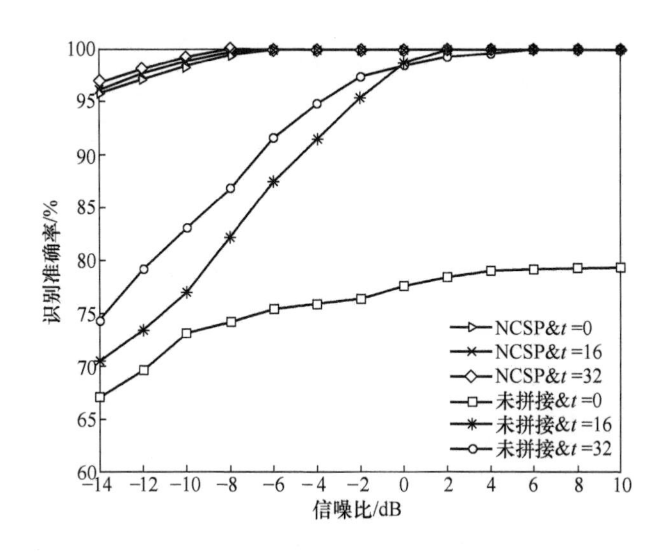

图 4-13　不同预处理与接收端时延下的识别准确率

如图 4-14 所示。从图中可以得出:①在 NCSP 和未拼接情况下,识别性能均随样本数增加而逐渐上升,且提升幅度随样本数增加逐渐趋于饱和;②在相同信号数下,除 $S=40$ 外 NCSP 较未拼接的性能均更优,说明拼接操作虽使得单个样本的信号数增加了一倍,但在相同信号数下的性能仍取得了有效提升,在相同开销下改善了低信噪比下的特征辨识能力;③在样本数适中时,NCSP 较信号数相同的未拼接处理性能提升最明显,在 NCSP 样本数为 80、未拼接处理样本数为 160 时,-14dB 下的识别增益达到了 10.6%。原因在于样本数较少时网络无法充分收敛,而过多样本数使得增益趋于饱和。在总信号数开销相同的情况下,NCSP 仍获得了更优的识别性能,从而验证了非时钟同步拼接的有效性。

实验 3　不同算法识别性能对比

由于现有的空频分组码识别算法较少,且均为人工提取特征的传统算法,为验证 DMRN 模型在低信噪比下的性能优势,本节选择如下 4 种方法进行对比:TDSFR[57]、SD+RMT[58]、PCS[19] 和 CLT[59]。以上文献[19,57-59]

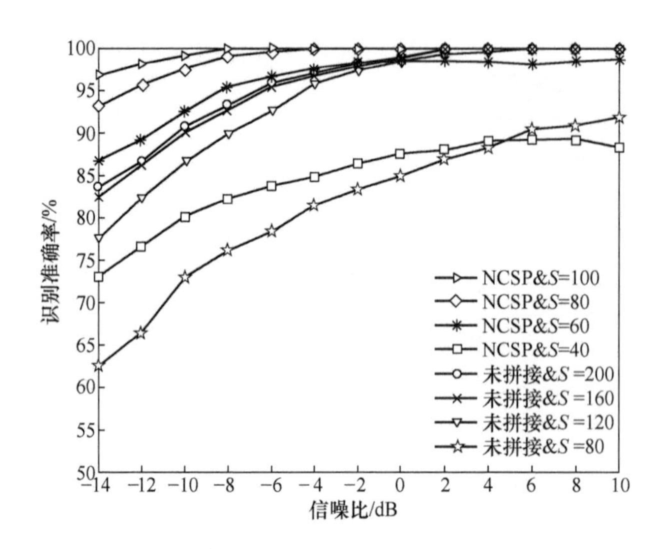

图 4-14 不同样本数下的识别准确率

均为基于假设检验和统计特征量，利用决策树和人工阈值判断空频分组码类型的典型传统算法，本章方法与以上 4 种方法的识别准确率如图 4-15 所示。

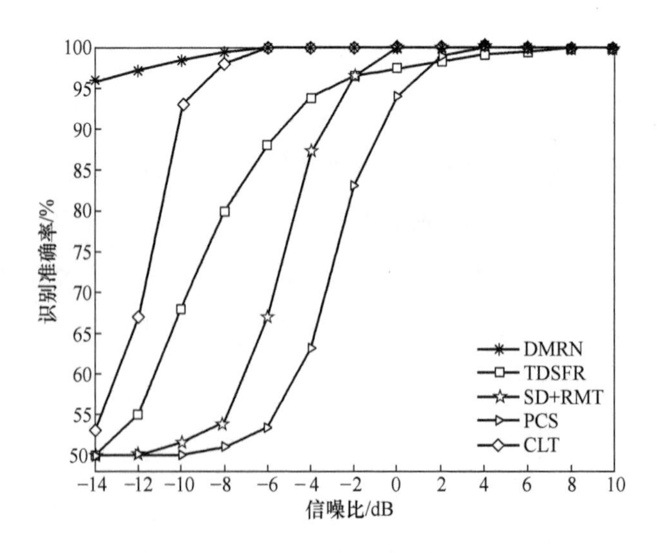

图 4-15 不同算法的识别准确率对比

从图中可以看出,得益于深度学习模型对标签数据的自学习能力,本章方法在-10dB 下的识别准确率达到了 98.5%,低信噪比下较基于假设检验的传统算法性能提升明显,具有更强的深层特征映射能力。传统算法的识别性能很大程度上取决于人为设定的阈值,在进行假设检验的过程中,人工设定参数对复杂环境的适应性较差,提取的累积特征量可能存在较大波动。而本章介绍的基于多级残差网络的深度学习模型,通过对预处理的时频图像进行深层解析,规避了传统算法中人工设计阈值在低信噪比下识别性能较差的问题。

实验 4　不同网络识别性能对比

为验证本章介绍的 DMRN 模型的性能优势,本节将该模型与现有网络性能较为突出的神经网络 CNN[60] 和 ResNet[37] 共同进行仿真实验。在设置网络的各类参数时,将所有模型的各层参数均设置为一致,区别在于 ResNet 在 CNN 基础上增加了跨越连接,DMRN 利用 ResNet 的 2 个子残差块构成二级残差单元,三种模型在-8dB、-10dB、-12dB 和-14dB 下的混淆矩阵如图4-16所示。

由图 4-16 可知,SM-OFDM 码的识别准确率更高,其时频图像不存在互相关峰值,不易被判别成 AL-OFDM 码;低信噪比下 AL-OFDM 码的特征较为微弱,使得其细微差异被噪声进一步削弱。此外,DMRN 模型在-14dB 下的整体识别准确率达到 95.8%,较 ResNet 和 CNN 分别高出 14.4%和17.4%。由此验证了 DMRN 模型在 SFBC 识别中的优势:添加多级跳线连接以利用跨越多层的映射特征,使得浅层细节信息和深层高维特征能够充分融合,更利于网络对时频图像特征信息的提取,从而获得更优的识别性能。

表 4-2 为不同模型的复杂度比较,由于三种模型的参数设置一致,故网络模型的待训练参数量均为 599874,空间复杂度相同。时间复杂度由训练迭代耗时和识别耗时两方面分析,训练迭代耗时为迭代 100 轮的统计平均,

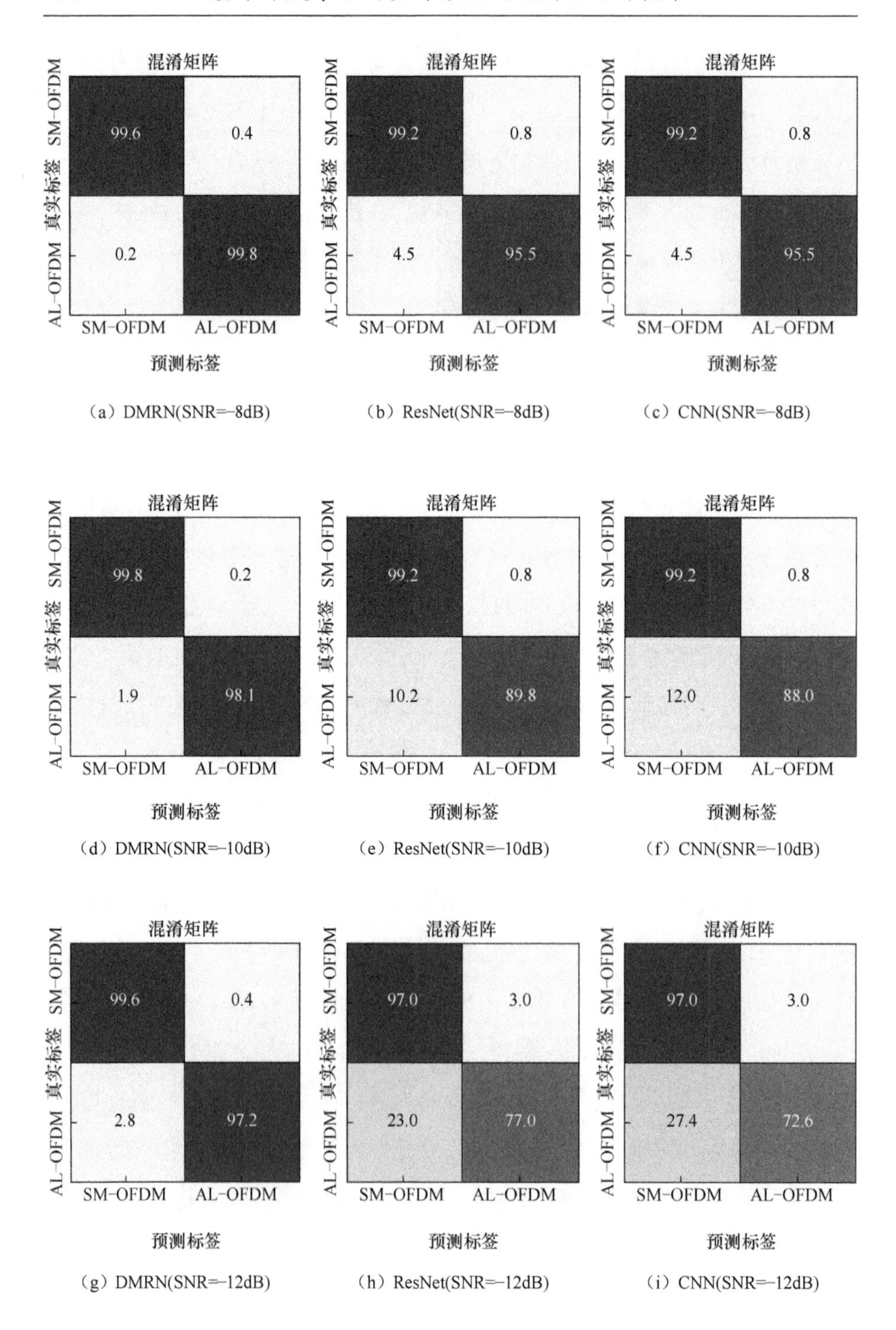

（a）DMRN(SNR=–8dB)　（b）ResNet(SNR=–8dB)　（c）CNN(SNR=–8dB)

（d）DMRN(SNR=–10dB)　（e）ResNet(SNR=–10dB)　（f）CNN(SNR=–10dB)

（g）DMRN(SNR=–12dB)　（h）ResNet(SNR=–12dB)　（i）CNN(SNR=–12dB)

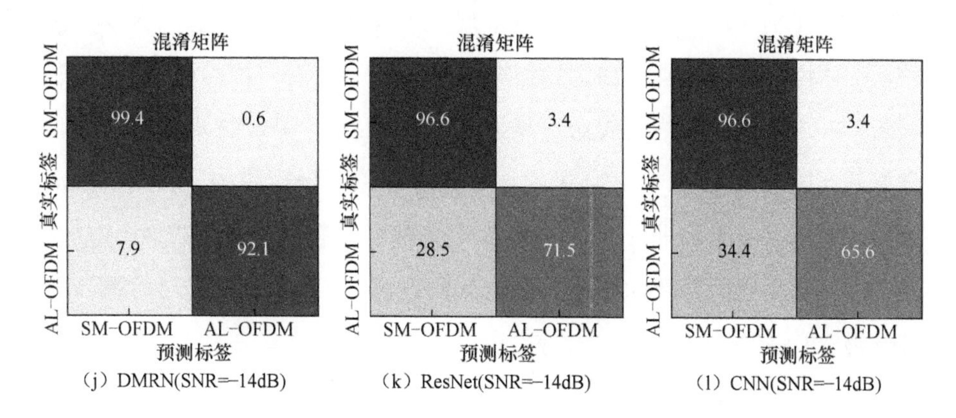

(j) DMRN(SNR=-14dB)　(k) ResNet(SNR=-14dB)　(l) CNN(SNR=-14dB)

图4-16　不同网络在低信噪比下的混淆矩阵

识别耗时为单个样本完成识别的时间。对比表中数据可以得出:ResNet和CNN的训练耗时比DMRN较少,但基本上相差不大;得益于GPU并行运算能力的提升,三种网络对单个样本的识别时间均处于毫秒数量级,具有较强的实时性。综合对比以上两方面,本章的DMRN模型在识别性能和效率上的综合识别能力更优。

表4-2　网络复杂度分析

网络	训练迭代耗时/s	识别耗时/ms
DMRN	4.06	0.41
RseNet	3.95	0.39
CNN	3.67	0.36

4.5　本章小结

本章结合深度学习技术的优势,将其运用到空频分组码识别领域,介绍了一种基于多级残差网络的SFBC-OFDM信号智能识别方法。该方法克服了传统方法人工设定的参数和检验阈值多、对信号先验信息依赖强以及低信噪比下识别性能差等问题。针对常规预处理方法失效的问题,开辟了一种新的深度学习预处理方法,为其他通信信号识别与深度学习的结合提供了借鉴。该预处理方法的成功实践证明,现有的基于特征提取的传统方法进行适当的改进,是可以适应深度学习方法在该领域应用的。利用二维时频图像对空频分组码进行识别,并创新地将两张时频图像进行拼接,成功解决了因时延不同而导致的性能不稳定的问题,使得该方法在非时钟同步条件下仍然能够保持较好的识别性能,进一步增强了本章方法的智能化识别能力。本章构建的基于 DMRN 的空频分组码自动识别系统利用时频分析进行特征聚合与维度变换,解决了一维互相关特征稀疏,直接输入网络识别性能较差的问题;同时其克服了峰值波动较大和非时钟同步敏感带来的不稳定性,在相同样本开销下获得了更优的识别性能。相对于其他文献所提及的神经网络,深度多级残差网络具有更强的学习表征能力,能够融合跨越多层的高维和低维映射特征,具有更优的综合识别性能。本章介绍的方法自动提取特征,不仅解决了传统算法人工提取特征困难的问题,并且在低信噪比下进一步提升了算法的识别准确率,为空频分组码的高效准确识别提供了有力借鉴。

第5章　基于四阶滞后矩谱和 AMDC-net 的 STBC-OFDM 识别算法

5.1 引　　言

信号盲识别在诸多的军事和民用领域有着广泛的应用,包括无线电监测、通信侦察、电磁对抗和频谱感知等方面[61]。例如,在对发射机信号进行通信侦察时,往往需要在信道和噪声等先验信息均未知的条件下从接收数据中识别信号类型,以便进一步解码和恢复其发送端的原始信息。随着频谱资源的短缺,空时分组码与正交频分复用技术的结合以其优异的传输可靠性和高效性,得到了越来越广泛的应用[17]。作为一种重要的信道编码方式,在非协作条件下对 STBC-OFDM 信号的盲识别展开深入研究,将进一步扩展其在无线电通信领域的应用范围,具有广泛而深远意义。

近年来,伴随着深度学习技术在计算机视觉领域的快速发展[61-88],得益于 GPU 并行运算能力的提升,深度学习模型以其对海量数据的强大映射能力而获得了更强的分类性能。结合该技术的性能优势,国内外学者逐步将其应用于 BSI 领域,尤其是在调制识别[89-100]、辐射源个体识别[101-105]和雷达信号识别领域[106-110],深度学习方法已取得了十分广泛的应用。相比于视觉图像直观的、可视化的特征,信号的内在特征往往更加难以直接由深度学习模型发掘,因此以上许多数算法[89-95]需要首先对接收信号进行预处理,在获取其星座图[91-92]、循环谱[90-91]、时频图像[103-106]等特征后,将其中之一[101-105]或多项[91,95]作为深度学习模型的输入并结合集成学习[71-76]实现训练和识别。这些方法[89-110]的成功应用说明了将深度学习引入 STBC-OFDM 识别的可行性,但 STBC-OFDM 信号的编码方式较为复杂,仅采用简单的变换方式或迁移其他领域的信号变换方法(星座图、循环谱等)无法对其进行有效识别。因此,发掘一种适用于 STBC-OFDM 信号的可视化的图像特征提取方法,并构建与之相匹配的深度学习模型,成为了 STBC-OFDM 信号识别领域一个具有挑战性的问题。

为解决上述问题,本章将深度学习引入 STBC-OFDM 信号识别领域,介绍了一种基于四阶滞后矩谱(FOLMS)和注意力引导多尺度扩张卷积网络(AMDC-net)的识别框架。首先,计算接收信号的四阶滞后矩并生成 FOLM 向量,进一步采用二维向量拼接将生成向量合并成 FOLMS 以作为网络输入。然后,在利用多尺度扩张卷积充分提取图像不同尺度细节信息的基础上,进一步引入卷积块注意力模块以构建注意力引导多尺度扩张卷积模块(Attention-guided Multi-scale Dilated Convolution Module, AMDCM),使得网络资源更加集中于需要重点关注的目标区域。最后,对多尺度引导特征进行融合以增强网络特征的互补性,并添加残差层进一步增强深层融合特征的利用率和表征能力,经由以 Softmax 为激活函数的全连接层输出识别结果。仿真实验表明,本章的 FOLMS/AMDC-net 在-8dB 下的识别准确率较现有算法提升了 9%,低信噪比下性能增益明显。在介绍具体工作前,本章先对引入的多尺度扩张卷积、注意力机制等方法的研究现状进行了简要介绍。

5.2 相关工作

5.2.1 频谱分析

作为一种重要的特征提取与变换方法,频谱分析在信号处理与识别领域有着十分广泛的应用。伴随着深度学习在计算机视觉领域的兴起，通过循环谱分析[90-91]、星座图分析[91-92]、时频变换[52-55]等方法将信号转换成图像并进一步利用神经网络实现识别的思路得到了广泛应用。得益于频谱分析展现的二维信号本质特征与深度学习的飞速发展，调制识别[89-100]与雷达信号识别[106-110]领域的新方法得以显著地提升现有算法性能并压缩信号样本的识别时间（得益于 GPU 并行运算对计算过程的加速），从而广泛而深刻地影响着该领域未来的研究与发展。因此，发掘一种适用于 STBC-OFDM 识别的特征转换与分析方法，将深度学习引入本领域，将对 STBC-OFDM 自动识别方面的研究奠定坚实的基础。

5.2.2 多尺度扩张卷积

多尺度卷积因其能够充分提取不同尺度的特征信息和特征互补性利用充分的优势，而广泛应用于图像处理[76-80]等诸多信息处理领域。然而，采用多尺度卷积提取特征在带来性能提升的同时也导致其本身消耗的计算资源大幅增加，考虑到扩张卷积（DC）[111]可以在获得更大感受野的同时，保证输出特征图的大小维持不变，这意味着可以在待训练参数尽量少的情况下获取图像的更大区域内的特征。因此，结合两者优势的多尺度扩张卷积[77-79]应运而生，并在视景深度估计[65]、图像校正[77-78]和视觉图像分类[79]等问题中取得了显著的性能提升。

5.2.3 注意力机制

受人类的感知和视觉系统的启发，注意力机制被广泛应用于计算机视觉领域中[112-115]，通过选择性地将计算资源投入重点关注的目标区域，从而对获取的深层特征进行注意力引导。Zhou 等[70]采用一种新的注意力机制对 U-shape 网络进行改进，介绍了具有强鲁棒性和高效性能的分层 U 型注意力网络（Hierarchical U-shape Attention Network, HUAN），该网络可大大减少记忆消耗并显著提高掩模质量。为了进一步提升注意力机制的特征引导性能，Woo 等[112]介绍了轻量且高效的卷积块注意力模块，通过按照通道和空间维度推断注意力图像，该模块能够嵌入任何 CNN 架构中，具有普适性和广泛的应用前景。基于 CBAM，Zhao 等[114]介绍了一种复合卷积块注意力模块以构造更多的信息特征来提高复值卷积层的表征能力。通过在构建的深度学习框架中的适当位置添加注意力机制模块，能够有效地对提取特征进行正确的注意力引导并自动突出和强化辨识特征差异，从而进一步提升计算资源利用率与识别性能。

5.3　信号模型

考虑具有 n_t 个发射天线和 n_r 个接收天线的 STBC-OFDM 的无线通信系统，如图 5-1 所示。数据符号首先经过 STBC 编码后生成多路数据流，再分别经过快速傅里叶逆变换和增加循环前缀两步实现 OFDM 调制的生成。

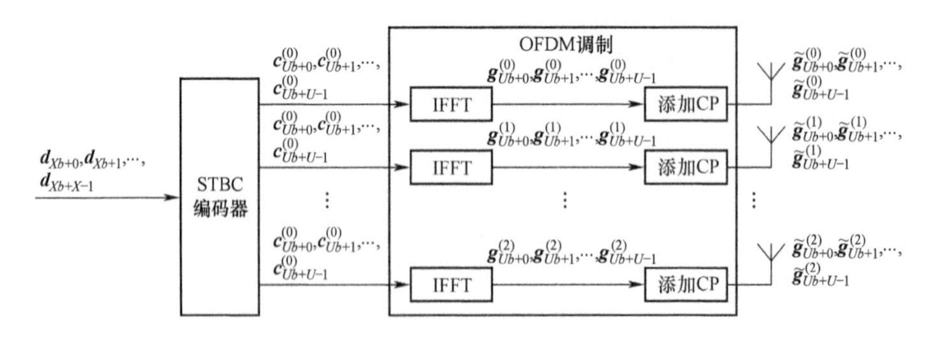

图 5-1　STBC-OFDM 通信系统发射端框图

假设 $\boldsymbol{d}_{Xb+x}$ 表示每个 STBC 编码矩阵 $\boldsymbol{C}$ 中发射的 OFDM 块（对于 SM 码 $X=n_t$，AL 码 $X=2$，STBC3 码 $X=3$，STBC4 码 $X=4$），X 为每个 STBC 编码矩阵 $\boldsymbol{C}$ 中包含的 OFDM 块的数量，x 为每个 STBC 编码矩阵 $\boldsymbol{C}$ 中 OFDM 块的序号，$x=0,1,\cdots,X-1$。

本章中,我们考虑了 STBC-OFDM 无线通信系统中最广泛采用的 4 类信号类型[26],即 SM-OFDM、AL-OFDM、STBC3-OFDM 和 STBC4-OFDM,现有的大部分识别算法研究的也主要是这四类信号类型。考虑采用 2 根发射天线的 SM-OFDM 信号,其编码矩阵可表示为

$$\boldsymbol{C}^{\mathrm{SM}} = [\boldsymbol{c}_{b+0}^{(0)};\boldsymbol{c}_{b+0}^{(1)}] = [\boldsymbol{d}_{2b+0};\boldsymbol{d}_{2b+1}] \tag{5-1}$$

AL-OFDM 信号的编码矩阵可表示为

$$\boldsymbol{C}^{\mathrm{AL}} = \begin{bmatrix} \boldsymbol{c}_{2b+0}^{(0)} & \boldsymbol{c}_{2b+1}^{(0)} \\ \boldsymbol{c}_{2b+0}^{(1)} & \boldsymbol{c}_{2b+1}^{(1)} \end{bmatrix} = \begin{bmatrix} \boldsymbol{d}_{2b+0} & -\boldsymbol{d}_{2b+1}^{*} \\ \boldsymbol{d}_{2b+1} & \boldsymbol{d}_{2b+0}^{*} \end{bmatrix} \tag{5-2}$$

STBC3-OFDM 信号的编码矩阵可表示为

$$\boldsymbol{C}^{\mathrm{STBC3}} = \begin{bmatrix} \boldsymbol{c}_{4b+0}^{(0)} & \boldsymbol{c}_{4b+1}^{(0)} & \boldsymbol{c}_{4b+2}^{(0)} & \boldsymbol{c}_{4b+3}^{(0)} \\ \boldsymbol{c}_{4b+0}^{(1)} & \boldsymbol{c}_{4b+1}^{(1)} & \boldsymbol{c}_{4b+2}^{(1)} & \boldsymbol{c}_{4b+3}^{(1)} \\ \boldsymbol{c}_{4b+0}^{(2)} & \boldsymbol{c}_{4b+1}^{(2)} & \boldsymbol{c}_{4b+2}^{(2)} & \boldsymbol{c}_{4b+3}^{(2)} \end{bmatrix} = \begin{bmatrix} \boldsymbol{d}_{3b+0} & 0 & \boldsymbol{d}_{3b+1} & -\boldsymbol{d}_{3b+2} \\ 0 & \boldsymbol{d}_{3b+0} & \boldsymbol{d}_{3b+0}^{*} & \boldsymbol{d}_{3b+1}^{*} \\ -\boldsymbol{d}_{3b+1}^{*} & -\boldsymbol{d}_{3b+2} & \boldsymbol{d}_{3b+0}^{*} & 0 \end{bmatrix} \tag{5-3}$$

STBC4-OFDM 信号的编码矩阵可表示为

$$\boldsymbol{C}^{\mathrm{STBC4}} = \begin{bmatrix} \boldsymbol{c}_{8b+0}^{(0)} & \boldsymbol{c}_{8b+1}^{(0)} & \boldsymbol{c}_{8b+2}^{(0)} & \boldsymbol{c}_{8b+3}^{(0)} & \boldsymbol{c}_{8b+4}^{(0)} & \boldsymbol{c}_{8b+5}^{(0)} & \boldsymbol{c}_{8b+6}^{(0)} & \boldsymbol{c}_{8b+7}^{(0)} \\ \boldsymbol{c}_{8b+0}^{(1)} & \boldsymbol{c}_{8b+1}^{(1)} & \boldsymbol{c}_{8b+2}^{(1)} & \boldsymbol{c}_{8b+3}^{(1)} & \boldsymbol{c}_{8b+4}^{(1)} & \boldsymbol{c}_{8b+5}^{(1)} & \boldsymbol{c}_{8b+6}^{(1)} & \boldsymbol{c}_{8b+7}^{(1)} \\ \boldsymbol{c}_{8b+0}^{(2)} & \boldsymbol{c}_{8b+1}^{(2)} & \boldsymbol{c}_{8b+2}^{(2)} & \boldsymbol{c}_{8b+3}^{(2)} & \boldsymbol{c}_{8b+4}^{(2)} & \boldsymbol{c}_{8b+5}^{(2)} & \boldsymbol{c}_{8b+6}^{(2)} & \boldsymbol{c}_{8b+7}^{(2)} \end{bmatrix}$$

$$= \begin{bmatrix} \boldsymbol{d}_{4b+0} & \boldsymbol{d}_{4b+1} & -\boldsymbol{d}_{4b+2} & -\boldsymbol{d}_{4b+3} & \boldsymbol{d}_{4b+0}^{*} & -\boldsymbol{d}_{4b+1}^{*} & -\boldsymbol{d}_{4b+2}^{*} & -\boldsymbol{d}_{4b+3}^{*} \\ \boldsymbol{d}_{4b+1} & \boldsymbol{d}_{4b+0} & \boldsymbol{d}_{4b+3} & -\boldsymbol{d}_{4b+2} & \boldsymbol{d}_{4b+1}^{*} & \boldsymbol{d}_{4b+0}^{*} & \boldsymbol{d}_{4b+3}^{*} & -\boldsymbol{d}_{4b+2}^{*} \\ \boldsymbol{d}_{4b+2} & -\boldsymbol{d}_{4b+3} & \boldsymbol{d}_{4b+0} & \boldsymbol{d}_{4b+1} & \boldsymbol{d}_{4b+2}^{*} & -\boldsymbol{d}_{4b+3}^{*} & \boldsymbol{d}_{4b+0}^{*} & \boldsymbol{d}_{4b+1}^{*} \end{bmatrix} \tag{5-4}$$

STBC-OFDM 信号编码矩阵中的变量 $c_{Ub+u}^{(f)}(j)$ 表示长度为 N 的 OFDM 块[27]：

$$c_{Ub+u}^{(f)} = [c_{Ub+u}^{(f)}(0),\cdots,c_{Ub+u}^{(f)}(j),\cdots,c_{Ub+u}^{(f)}(N-1)] \tag{5-5}$$

式中：$c_{Ub+u}^{(f)}(j)$ 表示第 f 根天线的第 $Ub+u$ 个 OFDM 块的第 j 个数据符号，U 为编码矩阵的长度（例如，对于 SM 码 $U=1$，对于 AL 码 $U=2$），b 和 u 表示第 b 个编码矩阵块内的第 u 个 OFDM 块，$u=0,1,\cdots,U-1$。

在发射端，对每个 OFDM 块 $c_{Ub+u}^{(f)}$ 进行 N 点快速傅里叶逆变换以获取时域上的 OFDM 块[27]

$$\boldsymbol{g}_{Ub+u}^{(f)} = [g_{Ub+u}^{(f)}(0),g_{Ub+u}^{(f)}(1),\cdots,g_{Ub+u}^{(f)}(N-1)] \tag{5-6}$$

更进一步，对 $\boldsymbol{g}_{Ub+u}^{(f)}$ 增加循环前缀，假设循环前缀的长度为 ν，则添加循环前缀后的 OFDM 块可表示为

$$\begin{aligned}\tilde{\boldsymbol{g}}_{Ub+u}^{(f)} &= [\tilde{g}_{Ub+u}^{(f)}(0),\tilde{g}_{Ub+u}^{(f)}(1),\cdots,\tilde{g}_{Ub+u}^{(f)}(\nu),\tilde{g}_{Ub+u}^{(f)}(\nu+1),\cdots,\\ &\quad \tilde{g}_{Ub+u}^{(f)}(N+\nu-1)]\\ &= [\tilde{g}_{Ub+u}^{(f)}(-\nu),\cdots,\tilde{g}_{Ub+u}^{(f)}(0),\tilde{g}_{Ub+u}^{(f)}(1),\cdots,\tilde{g}_{Ub+u}^{(f)}(N-1)]\end{aligned} \tag{5-7}$$

其中的信号满足

$$\tilde{g}_{Ub+u}^{(f)}(n) = \frac{1}{\sqrt{N}}\sum_{p=0}^{N-1} c_{Ub+u}^{(f)}(p)\mathrm{e}^{\frac{2\pi p(N-\nu)}{N}j},\quad n=-\nu,\cdots,0,1,\cdots,N-1 \tag{5-8}$$

因此，我们可以将第 f 根发射天线上传输的信号序列表示为

$$\boldsymbol{s}^{(f)} = [\cdots,\tilde{\boldsymbol{g}}_{-1}^{(f)},\tilde{\boldsymbol{g}}_{0}^{(f)},\tilde{\boldsymbol{g}}_{1}^{(f)},\tilde{\boldsymbol{g}}_{2}^{(f)},\cdots] \tag{5-9}$$

在接收端，假设上式中的第 k 个信号为 $s^{(f)}(k)$，第 i 根接收天线的第 k 个接收信号为

$$r^{(i)}(k) = \sum_{f=0}^{1}\sum_{l=0}^{L_h-1} h_{fi}(l)s^{(f)}(k-l) + w^{(i)}(k) \tag{5-10}$$

式中：L_h 为传输路径的数量；$h_{fi}(l)$ 为信道系数；$w^{(i)}(k)$ 表示均值为 0、方差为 σ_w^2 的高斯白噪声，即 $w^{(i)}(k) \sim N(0,\sigma_w^2)$ 。

5.4　FOLMS 特征谱提取

在 STBC-OFDM 识别领域，现有的大多数算法往往采用循环互相关函数（Cyclic Cross-correlation Function, CCF）[18]等作为辨识特征，并与适当的阈值进行比较，通过构建假设检验的方法实现 STBC-OFDM 信号的识别。然而，直接将传统算法提取的辨识特征作为训练样本的性能较差，且网络训练过程难以收敛，其原因主要包括以下两点：一是假设检验设置的阈值是一个参数而非向量，这意味着最终得到的辨识特征只有一个数值，对于神经网络而言，采用这一辨识特征进行训练无论从数据量和输入样本维度的角度来说都是难以实现的；二是如果不采用最终特征作为训练样本，而使用在获取辨识特征中某一步的中间特征作为网络输入样本，还需要尽量满足输入样本为二维矩阵的要求，以便于神经网络进行训练和学习。在获取具有足够参数量的二维辨识特征作为网络输入后，通过构建与之相适合的网络框架，即可实现对诸多复杂编码信号类型的识别。实际上，在本节产生四阶滞后矩谱的两个子步骤中，生成 FOLM 向量即实现了获取中间特征的作用，而二维向量拼接则实现了满足神经网络输入样本维度的需求。

5.4.1　四阶滞后矩向量

第 i 根接收天线上的接收信号可表示为

$$\boldsymbol{R}^{(i)} = [\boldsymbol{r}_0^{(i)}, \boldsymbol{r}_1^{(i)}, \cdots, \boldsymbol{r}_{N_b-1}^{(i)}] \tag{5-11}$$

式中：N_b 为接收到的 OFDM 块数；$\boldsymbol{r}_j^{(i)}$ 表示第 i 根接收天线上接收到的第 j 个 OFDM 块

$$\boldsymbol{r}_j^{(i)} = [r_j^{(i)}(0), r_j^{(i)}(1), \cdots, r_j^{(i)}(N-1)]^{\mathrm{T}},\ j = 0,1,\cdots,N_b - 1 \tag{5-12}$$

对于第 i 个接收天线上由 N_b 个 OFDM 块组成的接收信号序列 $\{\boldsymbol{r}_q^{(i)}\}_{q=0}^{N_b-1}$,我们定义在时延参数为 $(0,\tau,0,\tau)$ 时的四阶滞后矩

$$y(q,\tau) = \boldsymbol{r}_q \boldsymbol{r}_q^{\mathrm{T}} \boldsymbol{r}_{q+\tau} \boldsymbol{r}_{q+\tau}^{\mathrm{T}} \tag{5-13}$$

更进一步,我们构造如下的 FOLM 向量

$$\boldsymbol{V} = [\mathrm{E}[y(0,\tau)], \mathrm{E}[y(1,\tau)], \cdots, \mathrm{E}[y(N_s - 1,\tau)]] \tag{5-14}$$

以 AL-OFDM 信号为例,由于信号在进行空时编码时采用了不同的编码矩阵,因此在同一个编码向量 $\boldsymbol{r}_{2b}^{(i)}$ 和 $\boldsymbol{r}_{2b+1}^{(i)}$ 及其内部元素是相关的,而不同空时分组码之间的向量和元素是不相关的,如 $\boldsymbol{r}_{2b+1}^{(i)}$ 和 $\boldsymbol{r}_{2(b+1)}^{(i)}$,其他 STBC-OFDM 信号同样存在这一规律。此外,因为进行 STBC 编码时不同信号的编码矩阵长度不同,因此 4 类 STBC-OFDM 信号计算得到的 FOLM 向量具有相异的峰值分布,这一分布特性即可作为关键的辨识特征。

5.4.2 二维向量拼接

获取的 FOLM 向量具有规律变化的峰值,但一维向量的峰值分布较为稀疏,直接将 FOLM 向量输入网络的训练效果较差。此外,考虑到在计算机视觉领域,输入层的图片维度常采用方形结构,且边长一般为 2 的幂次方,因此将 N_s 个(N_s 默认选取 2 的幂次方)长度为 N_s 的 FOLM 向量作为一组,通过二维向量拼接将其合并成四阶滞后矩谱

$$\boldsymbol{S} = [\boldsymbol{V}_0^{\mathrm{T}}, \boldsymbol{V}_1^{\mathrm{T}}, \cdots, \boldsymbol{V}_{N_s-1}^{\mathrm{T}}]^{\mathrm{T}} \tag{5-15}$$

式中:第 k 个列向量 $\boldsymbol{V}_k^{\mathrm{T}},\ k = 0,1,\cdots,N_s - 1$ 可表示为

$$\boldsymbol{V}_k^{\mathrm{T}} = [\mathrm{E}[y_k(0,\tau)], \mathrm{E}[y_k(1,\tau)], \cdots, \mathrm{E}[y_k(N_s - 1,\tau)]]^{\mathrm{T}} \tag{5-16}$$

以接收到的 OFDM 块数 $N_b = 8000$ 为例,得到信噪比为 10dB 下的四阶滞后矩谱如图 5-2 所示。从图中可以看出,不同 STBC-OFDM 信号的

FOLMS 具有较大差异,其峰值和低谷均呈现等间隔规律排布(例如,AL-OFDM 信号的 FOLMS 在任意一个向量序列中的分布均为峰值—低谷—峰值,STBC3-OFDM 信号的向量序列的分布则为峰值—低谷—低谷—低谷—峰值),这种差异对于深度学习算法识别其信号类型具有重要意义。

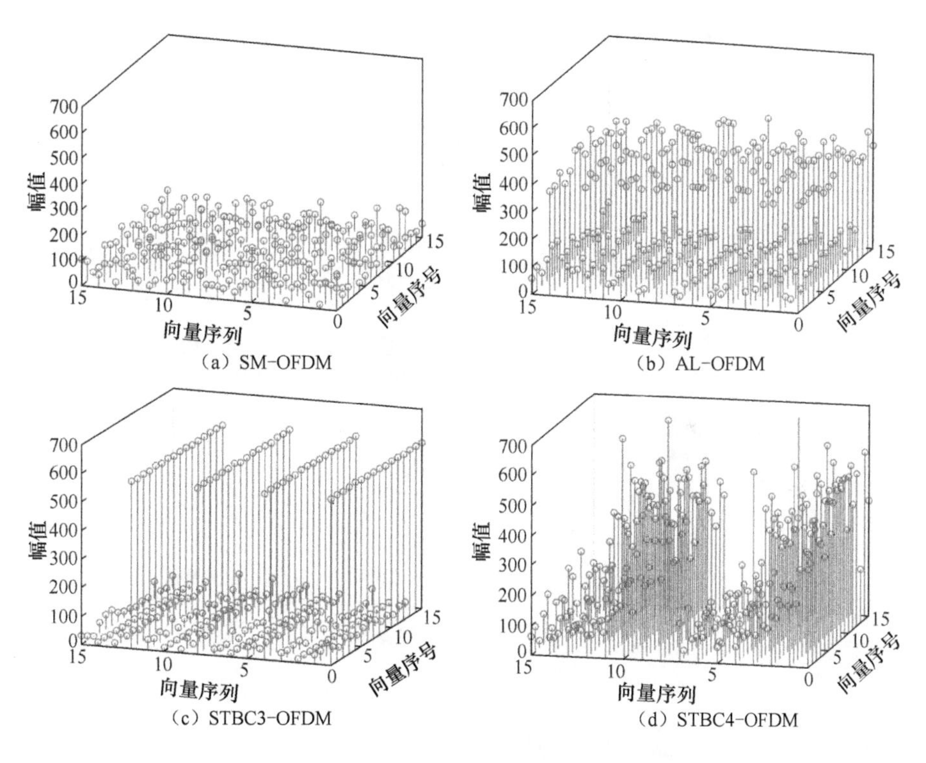

图 5-2　4 类 STBC-OFDM 信号的四阶滞后矩谱

5.5　注意力引导多尺度扩张卷积网络模型

在 STBC-OFDM 信号盲识别领域,现有的绝大多数算法均为基于特征提取的传统识别方法,并且仅考虑了单一的辨识特征作为决策依据,对多类型特征之间的互补性利用不充分。因此,为克服现有算法存在的这些缺陷,将深度学习模型引入 STBC-OFDM 识别领域,我们介绍了注意力引导多尺度扩张卷积网络,其结构如图 5-3 所示。首先,采用四阶滞后矩谱作为 AMDC-net 输入的输入样本,利用多尺度扩张卷积以充分提取图像在不同尺度下的细节信息。然后,在这一基础上,进一步引入卷积块注意力模块以构建注意力引导多尺度扩张卷积模块,使得网络更加集中于需要重点关注的目标区域,即注意力焦点。最后,多尺度引导特征经过特征融合、残差块和全连接层输出识别结果。

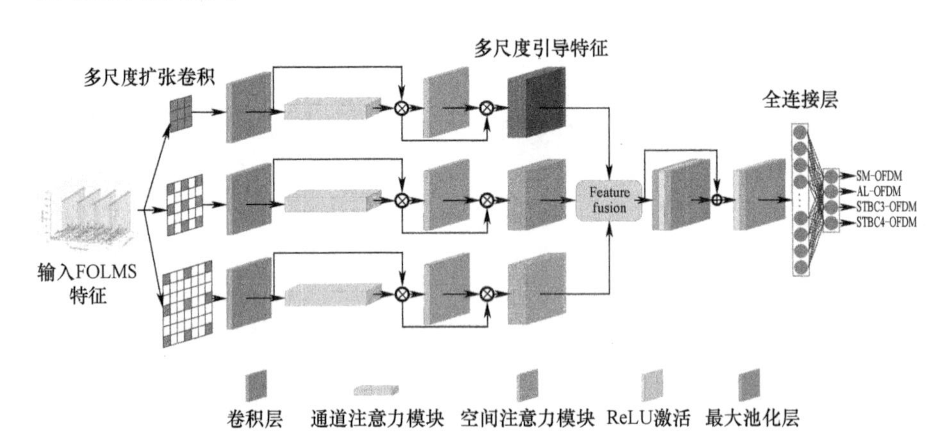

图 5-3 AMDC-net 结构框图

5.5.1 多尺度峰值特征提取

多尺度信息的融合和图像中不同像素点之间的关系信息的挖掘可有效地提高输入特征细节信息的利用率,并充分利用不同类型特征之间的互补性。而扩张卷积可以在输出特征图大小保持不变的情况下获得更大的感受野,这意味着在待训练参数尽量少的情况下能够获取图像在更大区域的特征。因此,我们采用了多尺度扩张卷积以实现提取 FOLMS 细节信息的目的,避免因仅提取单一特征导致的图像信息流失的问题。

具体而言,在选取多尺度扩张卷积部分的扩张率(Dilation Rate, DR)

时,考虑到输入的 STBC-OFDM 信号的 FOLMS 存在峰值—低谷—峰值和峰值—低谷—低谷—低谷—峰值的特征分布(AL-OFDM 信号和 STBC3-OFDM 信号),因此我们采用了扩张率为 2 和 3 的扩张卷积以更好地提取 FOLMS 的有效特征,得到的多尺度扩张卷积结构如图 5-4 所示。假设扩张卷积的扩张率为 d ,则在该扩张率下第 n 层卷积核的感受野大小为

$$RF_n = RF_{n-1} + d(k_n - 1)\prod_{i=1}^{n-1} \text{stride}_i \tag{5-17}$$

式中: RF_{n-1} 表示第 $n-1$ 层卷积核的感受野大小; k_n 为第 n 层卷积核的大小; stride_i 表示第 i 层卷积核的步长。由该式可知,在卷积核大小和步长一定的情况下,增加扩张率可有效地扩展感受野尺度,以获取更广阔区域范围内的图像特征信息。更进一步,我们增加了一个标准卷积层以进一步提取多尺度特征图的深层特征,使得网络获取的特征具有更强的表征能力。

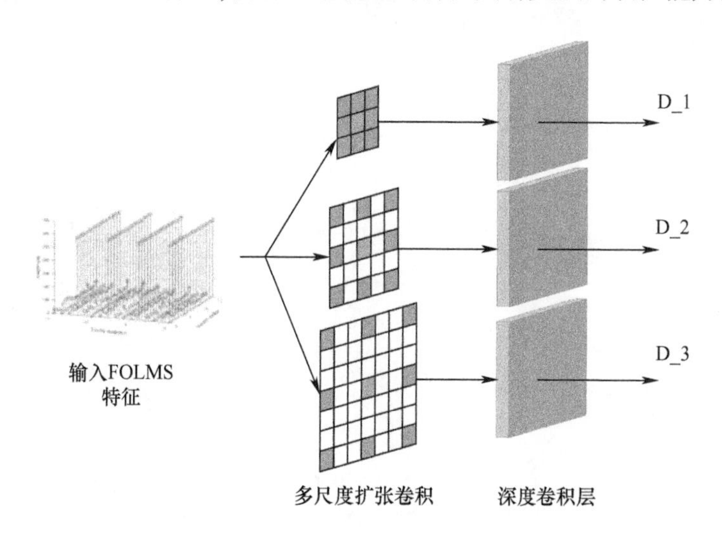

图 5-4　多尺度扩张卷积

5.5.2　卷积块注意力模块

考虑到提取的四阶滞后矩谱并非所有区域均存在峰值特征,例如,对于

STBC4-OFDM 而言,其 FOLMS 的特征分布为低谷—低谷—低谷—低谷—峰值—峰值—峰值—峰值,其特征集中于峰值区域部分。因此,为了使网络对可能存在待识别物体的图片区域投入更多计算资源,我们采用了卷积块注意力模块(Convolutional Block Attention Module, CBAM)以进一步提升网络的识别性能。相较于其他的注意力机制模块,例如,Squeeze-and-Excitation (SE) module,CBAM[112]无论是在分类识别(ImageNet 数据集)还是目标检测问题(MS COCO 数据集)中都展现了显著的优异性能,并且它还可以和任何 CNN 结构一起结合使用,具有良好的适应性和泛化性,其基本结构如图 5-5 所示。

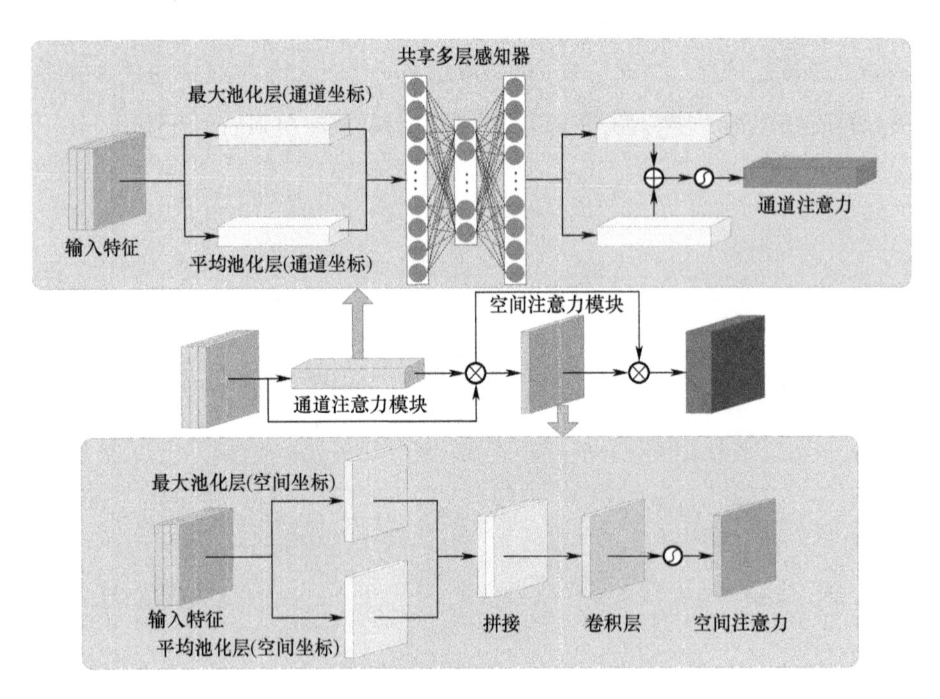

图 5-5　卷积块注意力模块框架

对于通道注意力模块,输入特征图 $\boldsymbol{F} \in \mathbb{R}^{C\times H\times W}$ 首先经过对通道维的全局平均池化和全局最大池化产生通道注意力特征图 $\boldsymbol{M}_{c1} \in \mathbb{R}^{C\times 1\times 1}$ 和 $\boldsymbol{M}_{c2} \in \mathbb{R}^{C\times 1\times 1}$。然后,将通道注意力特征图 $\boldsymbol{M}_{c1}$ 和 $\boldsymbol{M}_{c2}$ 输入权值共享多层感知

器(Shared Multi-Layer Perceptron, SMLP),同时,为了减少参数,将共享层的尺寸被设置为 $\mathbb{R}^{C/r\times1\times1}$ (r 为压缩比)。最后,将 SMLP 的输出特征进行元素级的加和操作,生成最终的通道注意力特征 $\boldsymbol{M}_c$ 。综上所述,其计算公式可表示为

$$\begin{aligned}\boldsymbol{M}_c(\boldsymbol{F}) &= \sigma(\boldsymbol{M}_{c1}(\boldsymbol{F}) + \boldsymbol{M}_{c2}(\boldsymbol{F})) \\ &= \sigma(\mathrm{MLP}(\mathrm{AvgPool}(\boldsymbol{F})) + \mathrm{MLP}(\mathrm{MaxPool}(\boldsymbol{F}))) \\ &= \sigma(\boldsymbol{W}_1(\boldsymbol{W}_0(\boldsymbol{F}^c_{\mathrm{avg}})) + \boldsymbol{W}_0(\boldsymbol{W}_1(\boldsymbol{F}^c_{\max})))\end{aligned} \tag{5-18}$$

式中: $\boldsymbol{W}_0 \in \mathbb{R}^{C/r\times C}$ 和 $\boldsymbol{W}_1 \in \mathbb{R}^{C\times C/r}$ 表示多层感知器的共享权值; $\boldsymbol{F}^c_{\mathrm{avg}}$ 和 $\boldsymbol{F}^c_{\max}$ 表示平均池化和最大池化特征; $\sigma(\cdot)$ 表示 Sigmoid 激活函数。

对于空间注意力模块,其输入为通道注意力模块的输出 $\boldsymbol{M}_c(\boldsymbol{F}) \in \mathbb{R}^{H\times W}$ 与 CBAM 输入特征图 $\boldsymbol{F} \in \mathbb{R}^{C\times H\times W}$ 的乘积

$$\boldsymbol{F}' = \boldsymbol{M}_c(\boldsymbol{F}) \otimes \boldsymbol{F} \tag{5-19}$$

对特征图 $\boldsymbol{F}'$ 进行空间维(Spatial Axis, SA)的全局平均池化和全局最大池化得到特征图 $\boldsymbol{F}^s_{\mathrm{avg}} \in \mathbb{R}^{1\times H\times W}$ 和 $\boldsymbol{F}^s_{\max} \in \mathbb{R}^{1\times H\times W}$,并对特征图 $\boldsymbol{F}^s_{\mathrm{avg}}$ 和 $\boldsymbol{F}^s_{\max}$ 进行拼接操作

$$\boldsymbol{F}_{\mathrm{concat}} = [\boldsymbol{F}^s_{\mathrm{avg}};\boldsymbol{F}^s_{\max}] \tag{5-20}$$

将拼接得到的特征图 $\boldsymbol{F}_{\mathrm{concat}}$ 经过 7×7 维的标准卷积操作和 Sigmoid 激活函数后,得到 SAM 输出的空间注意力特征 $\boldsymbol{M}_s(\boldsymbol{F}')$

$$\begin{aligned}\boldsymbol{M}_s(\boldsymbol{F}') &= \sigma(f^{7\times7}([\mathrm{AvgPool}(\boldsymbol{F}');\mathrm{MaxPool}(\boldsymbol{F}')])) \\ &= \sigma(f^{7\times7}([\boldsymbol{F}^s_{\mathrm{avg}};\boldsymbol{F}^s_{\max}]))\end{aligned} \tag{5-21}$$

最后,将空间注意力特征 $\boldsymbol{M}_s(\boldsymbol{F}') \in \mathbb{R}^{H\times W}$ 和 CBAM 输入特征图 $\boldsymbol{F}$ 做乘法,得到 CBAM 的精准输出特征

$$\boldsymbol{F}'' = \boldsymbol{M}_s(\boldsymbol{F}') \otimes \boldsymbol{F}' \tag{5-22}$$

5.5.3　AMDC 基本框架

为将提取的多尺度特征的注意力资源更多地集中于需要重点关注的目

标区域,进一步提升网络的识别性能,我们采用 CBAM 对多尺度特征进行引导,介绍了注意力引导的多尺度扩张卷积模块,以进一步获取具有更强特征映射能力的多尺度引导特征。该多尺度引导特征能够更好地反映输入 STBC-OFDM 信号的真实特性,提升辨识特征的精准性,AMDC 模块的结构如图 5-6 所示。输入的 FOLMS 特征首先经多尺度扩张卷积后得到多尺度特征,实现对不同 STBC-OFDM 信号的 FOLMS 具有峰值差异性和针对性的特征表示。然后,通过一个标准卷积层以进一步提取多尺度特征图的深层特征,使得网络获取的特征具有更强的表征能力。最后将多尺度深层特征经由 CBAM 引导生成多尺度引导特征。

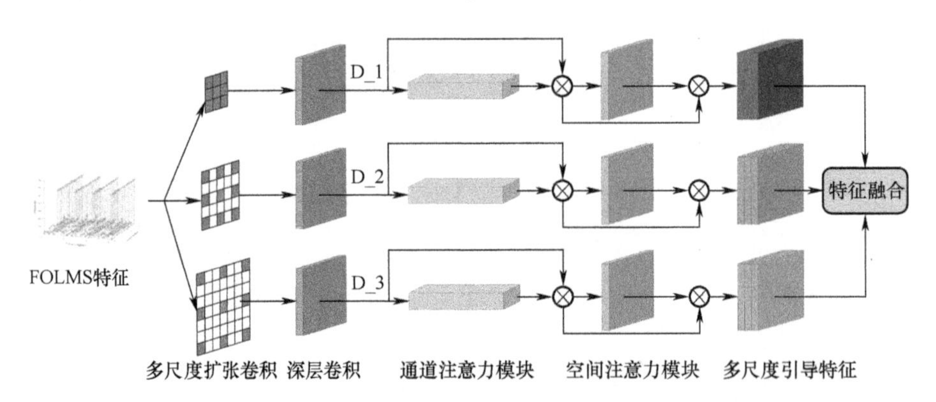

图 5-6　注意力引导多尺度扩张卷积模块

5.5.4　特征融合与残差学习

采用不同的融合方法将会对多尺度引导特征的融合效果产生一定的影响,在本章中,我们采用了拼接融合的方法对 CBAM 的输出特征进行处理,尽管该方法的空间复杂度高于采用相加融合的方法,但在综合考虑识别性能与时间复杂度的情况下,拼接融合的整体性能仍然更优。获得拼接融合特征之后,进一步采用残差块以削弱因网络层数增加而导致性能饱和退化问题,同时提升拼接融合特征利用率,特征融合与残差块部分的结构如图 5-7 所

示。残差块的输出特征为

$$\boldsymbol{y}_{RB} = \mathrm{MaxPool}(f(\mathrm{Concat}(\boldsymbol{F}''_{d1} + \boldsymbol{F}''_{d2} + \boldsymbol{F}''_{d3}) + F(\mathrm{Concat}(\boldsymbol{F}''_{d1} + \boldsymbol{F}''_{d2} + \boldsymbol{F}''_{d3}), \boldsymbol{W}_{RB}))) \tag{5-23}$$

式中：$\boldsymbol{F}''_{d1}$、$\boldsymbol{F}''_{d2}$ 和 $\boldsymbol{F}''_{d3}$ 分别为网络扩张率取 1、2 和 3 时引导支路输出的多尺度引导特征；Concat（·）表示拼接融合；$F(\cdot)$ 为残差映射函数；$f(\cdot)$ 为 ReLU（Rectified Linear Unit）激活函数。通过特征融合和残差学习可使多尺度引导特征得到更充分的利用，使得特征信息能够实现跨层流动，通过融合浅层网络的细节信息和深层网络映射的高维特征，使网络的结构更加紧凑并易于训练。

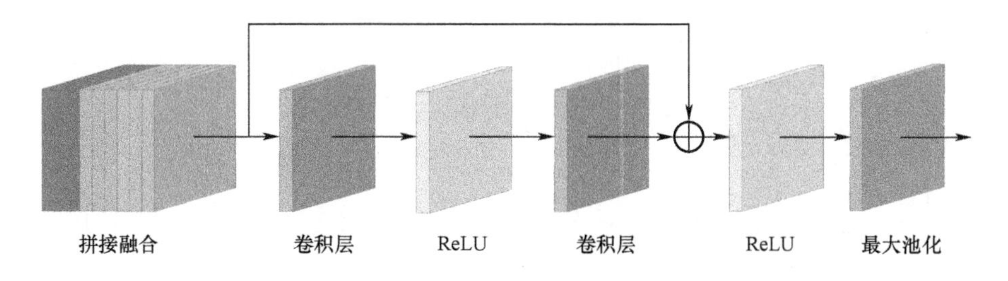

图 5-7　特征融合与残差块部分的结构框图

5.5.5　基于 FOLMS/AMDC-net 的 STBC-OFDM 识别系统

该节介绍了为将深度学习方法引入 STBC-OFDM 信号识别而设计搭建的基于 FOLMS/AMDC-net 的识别系统，其结构如图 5-8 所示。该识别系统包含两个主要部分：四阶滞后矩谱辨识特征提取和注意力引导多尺度扩张卷积网络自动识别。具体而言，提取四阶滞后矩谱包括生成 FOLM 向量和二维向量拼接两个子步骤；AMDC 网络包括注意力引导多尺度扩张卷积模块、特征融合、残差块和以 Softmax 为激活函数的全连接层，以实现 STBC-OFDM 的自动分类识别。

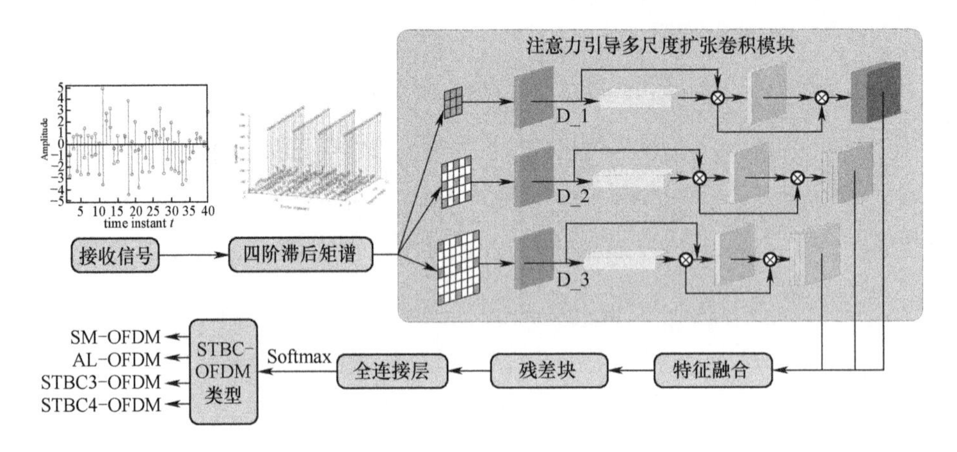

图 5-8　FOLMS/AMDC-net 识别系统结构图

5.6　性能测试与分析

本节将对介绍的 AMDC 网络的模块组成进行有效性验证,并进一步对不同融合方法、不同识别算法的综合性能进行对比分析。对信号模型中介绍的 4 类 STBC-OFDM 信号进行仿真实验,即 SM-OFDM、AL-OFDM、STBC3-OFDM 和 STBC4-OFDM,采用 4 类信号的平均识别概率作为识别性能的衡量标准

$$P_{\text{ave}} = \frac{1}{|C|}\sum_{i=1}^{C} P(C = C_i | C_i)P(C_i) \tag{5-24}$$

式中:C 为 STBC-OFDM 信号类型,即 C = {SM-OFDM, AL-OFDM, STBC3-OFDM, STBC4-OFDM}; $P(C = C_i | C_i)$ 表示发送信号为 C_i 且识别结果亦为 C_i 信号的概率; $P(C_i)$ 为发送信号为 C_i 的概率。因 4 类信号生成的样本数相同,故 4 类信号的发射概率均满足 $P(C_i) = 1/4$。

本章采用 Matlab 生成 STBC-OFDM 信号并进行 FOLMS 特征提取与预处理,AMDC-net 网络的搭建和训练则依赖于基于 Tensorflow 后端的 Keras

来完成,训练过程采用 GPU 进行加速。在生成 STBC-OFDM 信号时,选取 OFDM 块的子载波数 $N=128$,循环前缀长度为 $\nu=16$,调制方式为 QPSK,采用频率选择性衰落信道进行仿真,接收天线数为 $N_r=1$。将接收信号每 $N_b=8000$ 块 OFDM 作为一组,计算其 FOLM 向量,选取 FOLM 向量长度为 $N_s=16$。生成样本的信噪比范围为-16~16dB,步长为 2dB,每种信噪比下单类 STBC-OFDM 信号生成 100 个 FOLMS 输入样本,样本总容量为 6800,训练和测试样本的比例为 8 : 2。在网络优化过程中,采用 Adam 优化器进行最优值求解,并选取交叉熵作为损失函数。

实验 1　多尺度特征有效性分析

为了验证模型中采用多尺度特征的有效性,该节对 AMDC-net 和注意力引导单支路卷积网络(Attention-guided Single-branch Convolution network, ASC-net)进行对比。用于性能对比的 ASC-net 的各层参数设置和基本结构与 AMDC-net 相一致,两者的区别在于 ASC-net 仅保留了图 5-3 中的标准卷积上支路,因此该网络也不存在特征融合部分。AMDC-net 和 ASC-net 的性能对比如图 5-9 所示,在相同的仿真条件与参数设置情况下,采用多尺度融合特征的 AMDC-net 模型在低信噪比下较 ASC-net 的性能更优,-16dB 下的平均识别概率较 ASC-net 增加了 7.9%。这说明采用多尺度扩张卷积提取的多尺度融合特征有效地丰富了特征类型,增强了不同特征之间的互补性,使得 AMDC-net 模型具有了更强的表征能力,从而验证了采用多尺度特征的有效性。

为进一步分析在各类码型下 AMDC-net 和 ASC-net 的性能差异,图 5-10 给出了两个网络在-16dB、-14dB 和-12dB 下的混淆矩阵(为在不产生歧义的情况下更简洁地表示 4 类 STBC-OFDM 信号,在混淆矩阵中略去了 STBC-OFDM 信号后所带的 OFDM 后缀)。从整体上观察,导致低信噪比下网络识别性能较差的主要原因是 SM-OFDM 信号与 AL-OFDM 信号之间的混淆,对于 AMDC-net 与 ASC-net 来说均是如此,导致这一现象的原因可能是 AL-

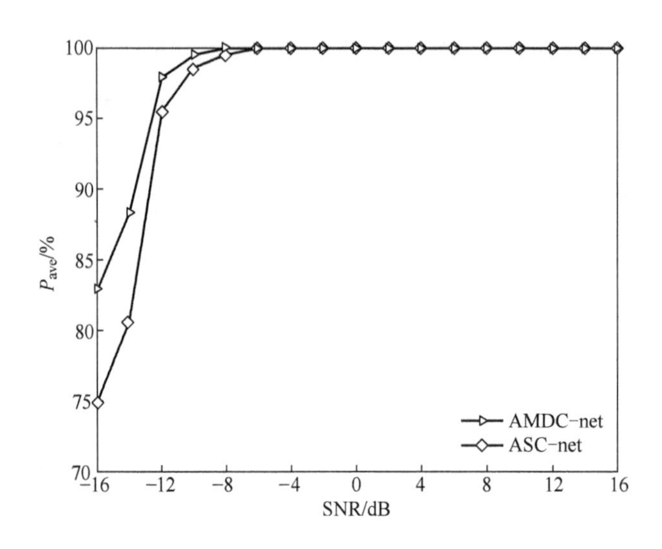

图 5-9　AMDC-net 与 ASC-net 性能对比

OFDM 信号的 FOLMS 的峰值相对较低,在低信噪比的恶劣环境条件下,其峰值特征容易湮没在干扰和噪声之中。从图 5-10 的纵向角度对同一信噪比下的混淆矩阵进行对比,可以看出 AMDC-net 的真实标签(True Label, TL)与预测标签(Predicted Label, PL)的相符程度更高,其误判率较 ASC-net 明显降低。从横向角度进行观察对比,两个网络的性能均随信噪比的增加而稳步递增,尤其是在-12dB 下两个网络对 4 类 STBC-OFDM 信号的平均识别概率均达到了 94.5%以上,混淆矩阵的对角线分布明显,说明 AMDC-net 和 ASC-net 对低信噪比具有较强的适应性,同时也验证了本章通过构建四阶滞后矩谱,将深度学习模型引入 STBC-OFDM 信号识别这一思路的合理性。

实验 2　注意力引导有效性分析

我们通过对 AMDC-net 模型与包含其组成的弱化版网络进行对比,以验证采用注意力机制的有效性,同时分析 CBAM 与多尺度特征两模块在单一与联合作用下的效果差异, 对比的 4 个网络为: ①MDC-net+CBAM, 即本章

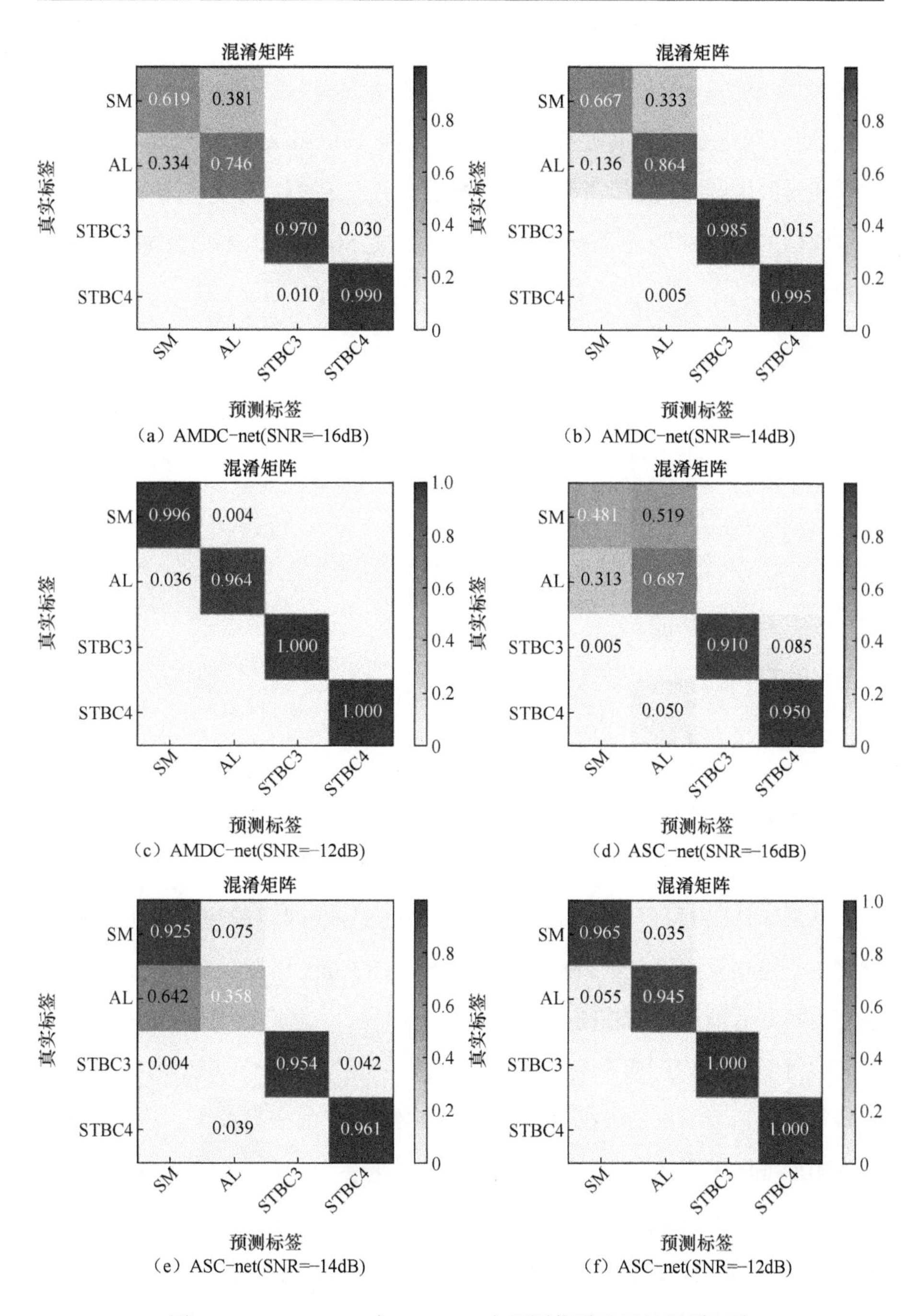

图 5-10　AMDC-net 与 ASC-net 在不同信噪比下的混淆矩阵

的 AMDC-net;②去除 AMDC-net 注意力引导部分的 MDC-net;③SC-net+CBAM,即 ASC-net;④去除 ASC-net 注意力引导部分的 SC-net。值得说明的是,四个网络是在相同的数据集、样本比例、batch size 和硬件环境下进行仿真实验的,这使得仿真实验能够更准确地评估在模型中采用注意力机制的有效性。四个网络的平均识别概率 P_{ave} 随 SNR 的变化图像如图 5-11 所示。

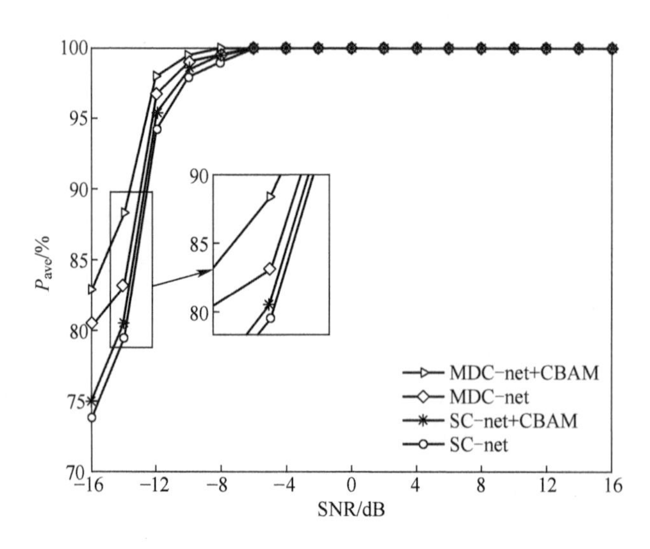

图 5-11　4 类网络的识别性能对比

从图 5-11 中可以看出,得益于 CBAM 的引入,网络的注意力资源更多地集中于需要重点关注的目标区域。无论是 SC-net 还是 MDC-net,在添加注意力机制后的性能均获得了一定程度上的提升,尤其是 MDC-net 在增加了 CBAM 后平均识别概率提升了 5.2%,这说明采用 CBAM 模型对提取的初步特征进行适当引导能够提升网络对 FOLMS 特征的表征能力,从而验证了在 AMDC-net 采用注意力机制的有效性。更进一步,通过观察-14dB 下 4 类网络平均识别概率的放大图像,我们还注意到相较于仅采用单支路提取特征的 SC-net 模型,融合多尺度特征的 MDC-net 模型在增加 CBAM 后的性能提升更显著,即融合特征的引入使得注意力机制的效能被进一步激发。这从侧面说明了本章采用注意力机制与多尺度特征联合作用的合理性，CBAM对不同尺度下的特征进行注意力引导使得融合特征的可辨识度进一步提升，两者相互促进，相辅相成。

为进一步分析4个网络对不同STBC-OFDM信号的识别准确率差异，图5-12给出了4个网络在-14dB下的混淆矩阵。通过对比图5-12(a)和图5-12(b)可知，增加CBAM后，MDC-net模型对AL-OFDM信号的识别准确率获得了明显提升，进而带来了整体识别性能的显著改善，这说明采用注意力机制进行特征引导可有效缓解因噪声干扰导致的AL-OFDM信号峰值湮没的问题。对于未采用多尺度特征的SC-net+CBAM和SC-net模型，两者对SM-OFDM、STBC3-OFDM和STBC4-OFDM的识别率均达到了92.5%以上，但对AL-OFDM信号的误判率较高，有近60%的AL-OFDM被错误地预测成了SM-OFDM。因此，进一步改善单支路卷积网络对AL-OFDM信号的识别性能，将可能显著地改善深度学习方法在信噪比下的整体性能，是未来值得研究的方向之一。

实验3　不同融合方法性能对比

本章在选择多尺度引导特征融合方法时，主要考虑了在深度学习框架中被广泛应用的拼接融合和相加融合两种方式，为分析不同方法的整体性能，本实验将从识别性能与计算复杂度两个角度进行综合对比。图5-13给出了拼接和相加两种融合方法的平均识别概率随SNR的变化图像，整体而言，拼接融合在低信噪比下的性能略优于相加融合，-16dB与-14dB下的平均识别概率提升约2.6%，性能增益随信噪比增加而逐渐被削弱。实际上，拼接融合的这种识别优势来源于其对多尺度引导特征分量的保留，相较于相加融合，拼接融合完成的是对特征图的堆叠而非叠加，这使得多尺度引导特征各自的通道维得以保留，而非因相加融合导致所有引导特征集中于某一张特征图中。因此，采用拼接融合可使各注意力引导支路提取的FOLMS深层细节信息被之后的残差块完整利用，从而进一步改善AMDC-net的识别

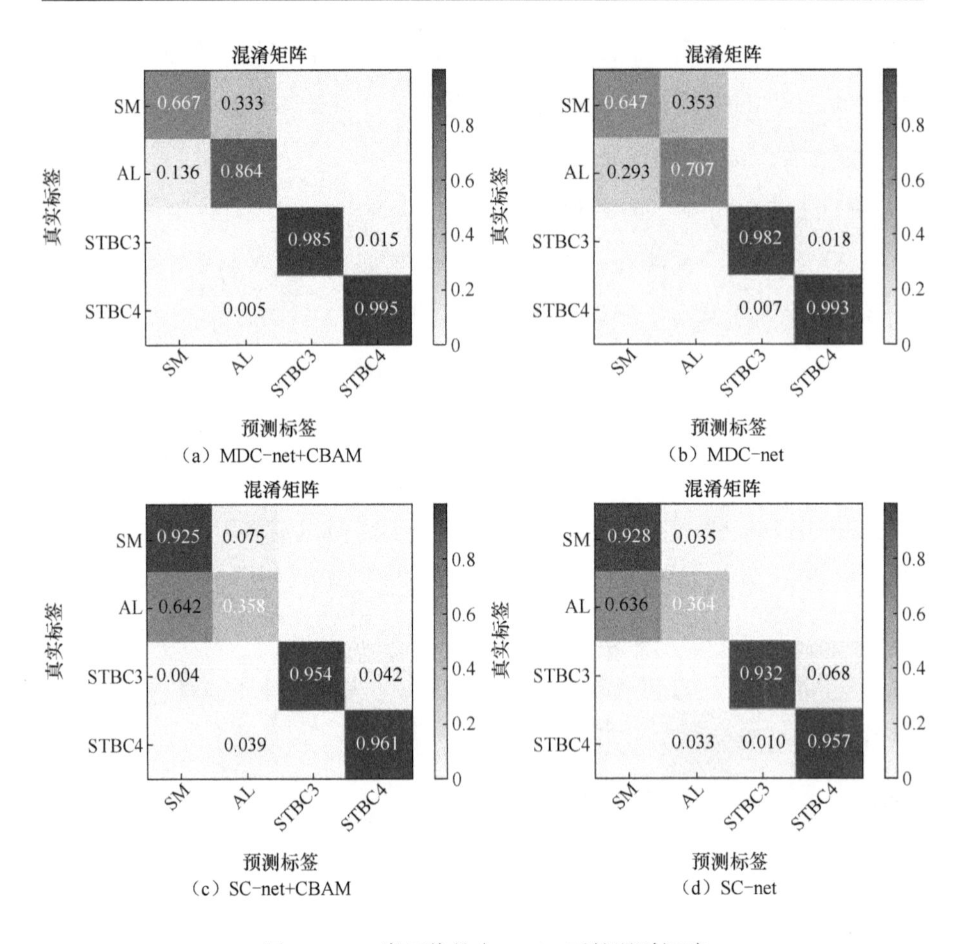

（a）MDC-net+CBAM　（b）MDC-net　（c）SC-net+CBAM　（d）SC-net

图 5-12　4 类网络的在-14dB 下的混淆矩阵

性能。

为了更全面地对两种融合方法进行对比，我们对拼接融合与相加融合的计算复杂度进行了分析，主要从网络的可训练参数 P_{train}、单轮迭代平均耗时 T_{train} 和单个样本平均识别耗时 T_{test} 三方面来考虑。值得说明的是，为了更公平地对拼接和相加的性能进行对比，仿真实验是在相同的样本维度、数据集大小、训练/测试比例和批处理大小下进行完成的。如表 5-1 所示，虽然拼接融合的可训练参数为相加融合的两倍，但得益于 GPU 并行运算能力

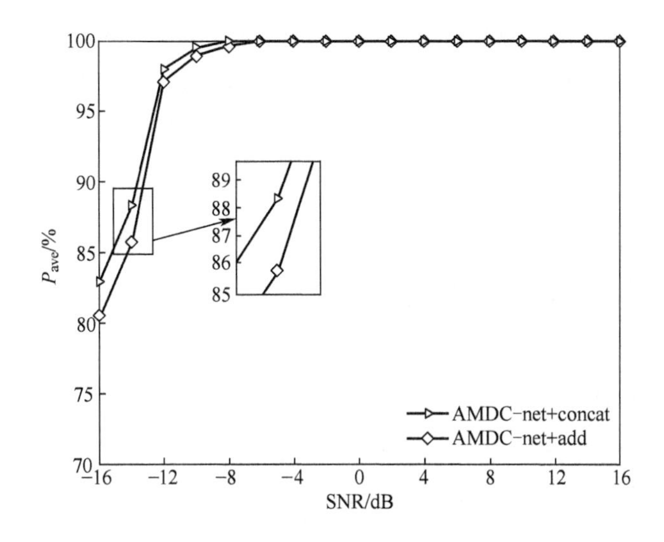

图 5-13　不同融合方法的识别性能

的提升，两种融合方法的训练和测试时间相差很小，对单个样本的识别时间均不到 0.2ms，具有较强的实时性。因此，综合对比识别性能与计算复杂度，在 AMDC-net 模型中采用拼接融合在识别准确率和效率上的综合性能更优。

表 5-1　不同融合方法的计算复杂度对比

融合方法	P_{train}	T_{train}/s	T_{test}/μs
拼接融合	1,878,915	1.04	183.82
相加融合	830,339	1.03	169.12

实验 4　不同算法性能对比

由于现有的 STBC-OFDM 识别算法较少，且绝大部分为基于特征提取的传统算法，为进一步说明本章构建的基于深度学习的 FOLMS/AMDC-net 识别系统的性能优势，该节对介绍的 AMDC-net 与 CCF[7]、SOCS[18] 和 FOLP[24] 共 4 种方法进行对比，具体而言，CCF 利用来自不同天线的接收信号之间的互相关特征（Cross Correlation Feature，CCF）来识别 STBC-OFDM 信号类型；SOCS 依赖于二阶信号循环平稳性，通过将接收信号的二阶循环特征(Second-Order Cyclic Statistics, SOCS)与阈值进行比较来确认信号类型;FOLP 根据不同空时分组码编码矩阵的相关性差异,依据接收信号的四阶滞后积(Fourth Order Lag Product, FOLP)识别发射的 STBC-OFDM 信号类型。以上算法[7,18,24]均为基于假设检验和统计特征量,利用决策树和人工阈值判断信号类型的典型传统算法,在 STBC-OFDM 信号识别领域具有一定的代表性。图 5-14 为 4 类方法的识别性能对比,从图中可以看出,本章的 AMDC-net 在低信噪比下的识别性能明显优于其他传统算法,提取的深层特征具有更强的辨识能力,这是由于深度学习模型可以自动学习更适合于区分 STBC-OFDM 信号的有效特征,而传统算法的识别性能很大程度上取决于人为设定的阈值,在进行假设检验的过程中,人工设定参数对复杂环境的适应性较差,提取的累积特征量可能存在较大波动。通过将深度学习方法引入 STBC-OFDM 信号识别,可有效地规避传统算法中人工提取特征受噪声干扰影响较大的问题,显著地改善信号在低信噪比下的识别性能。

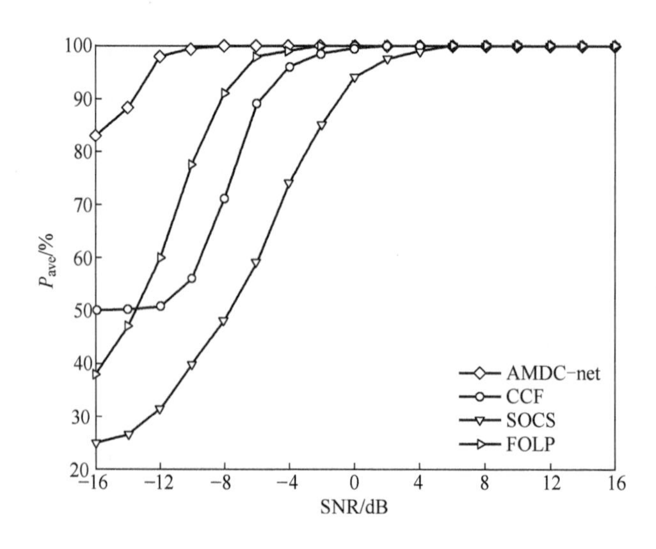

图 5-14　不同方法的识别性能对比

5.7 本章小结

本章结合深度学习可自动学习辨识特征的优势,将其引入 STBC-OFDM 信号识别领域中,介绍了一种基于 FOLMS/AMDC-net 的识别系统。该系统首先计算接收信号的 FOLM 向量并对其进行二维向量拼接以得到 FOLMS,将其作为深度学习模型的输入。然后,利用多尺度扩张卷积以充分提取图像在不同尺度下的细节信息,并进一步引入卷积块注意力模块以构建注意力引导多尺度扩张卷积模块,使得网络更加集中于需要重点关注的目标区域。最后,将多尺度引导特征经过拼接融合、残差块和全连接层输出识别结果。仿真实验表明,本章方法具有优良的综合识别性能,对单个样本的识别时间较短,且显著地提升了现有算法在低信噪比下的识别准确率。考虑到在实际无线通信系统中,发射信号常常在强干扰的信道环境下传输,因此提升 STBC-OFDM 信号低信噪比下的识别性能具有重要意义。同时,由于训练完的深度学习模型可直接对计算得到的 FOLMS 进行识别,不需要知道无线通信过程中的信道、噪声等先验信息,因此本章方法较现有的传统算法更适用于非协作通信。

对于之后的工作,可以从以下两点做进一步的深入研究。一是考虑到在低信噪比下导致 AMDC-net 识别性能较差的原因主要是 SM-OFDM 和 AL-OFDM 的混淆程度较高,因此可以在本章方法基础上进一步改善以上两类信号的识别性能,具体的思路可从 SM-OFDM 与 AL-OFDM 的二阶循环平稳性差异等角度展开。二是在对注意力机制有效性验证的过程中可知,尽管单支路卷积网络未采用多尺度特征,但其对 SM-OFDM、STBC3-OFDM 和 STBC4-OFDM 的识别率均较高,因此,进一步改善单支路卷积网络对 AL-OFDM 信号的识别性能将有效地提升识别方法的整体性能,进而显著地改善低信噪比下 STBC-OFDM 信号的抗干扰能力,也是未来值得研究的方向之一。

第6章　总结与展望

6.1　本书工作总结

从20世纪40年代第一个差错控制编码介绍以来，为提升信息传输的可靠性，信道编码理论不断发展至今，显著提升了数据链通信系统的信道容量、抗干扰性能和传输可靠性，已成为无线通信理论研究的核心。在这一过程中，信道编码不可避免地向着编码流程复杂化、信息传输密集化的方向发展，作为无线通信领域中一种重要的编码方式，空时分组码也是如此。从编码方式较为简单的STBC信号开始，到复杂且难以识别的STBC-OFDM信号，传输符号携带的信息量日益增多，发射端的编码流程也更加繁杂，这使得数据传输的稳定性和可靠性提高的同时，特征提取与分析的复杂程度也显著增加。本书围绕在非合作条件下，工程实践中常用的STBC、SFBC-OFDM和STBC-OFDM信号展开研究，由浅入深，循序渐进，介绍了一系列深度学习识别算法，以实现在复杂电磁环境下空时-频编码方式的自动识别，降低现有算法特征提取流程的复杂度。本书算法对频谱检测等通信场景具有重要的指导意义，本书的主要工作总结如下：

（1）针对传统STBC识别算法低信噪比适应性差、不适用于非合作通信的问题，介绍了基于经典深度学习模型的识别算法。首先构建以接收端时域I/Q信号为样本的数据库，为神经网络的参数学习奠定数据集基础，并利用 STBC 不同编码类型的相关性差异,介绍了结合 STBC 自身编码特点的 CNN-BC 网络模型;其次引入残差单元构建深度残差网络,以缓解因网络层数过多而导致的梯度消散问题;最后结合卷积操作的空间特征提取能力和循环结构的时序特征提取能力,构建卷积-循环神经网络模型以识别 STBC 信号。仿真结果表明,经典的深度学习模型较传统算法具有更强的低信噪比鲁棒性,并且不需要信道和噪声的先验信息,适用于非合作通信场景。

(2) 针对 STBC 深度学习模型研究不够深入、多类型特征互补性利用不充分的问题,介绍了基于多模态特征融合网络的空时分组码识别算法。首先利用合并卷积将二维 I/Q 样本映射为一维特征向量,并结合不同扩张率下的扩张卷积,提取非连续时间窗下的多时延特征;其次在利用连续采样点卷积提取深层特征的基础上,采用长短期记忆层获取多时间步的时序特征;最后将不同时延下的特征通过拼接层进行融合,并引入残差单元提升深层融合特征利用率,实现空时分组码识别。仿真结果表明,该算法优于仅限于迁移学习的经典深度学习模型,识别性能进一步得到提升,对低信噪比具有较强的适应性。

(3) 针对传统 SFBC-OFDM 识别算法抗干扰能力差、对信道和噪声先验信息需求多的问题,介绍了基于深度多级残差网络的识别算法。首先依据 SFBC-OFDM 编码矩阵相关性差异,计算接收信号的互相关幅值序列,并进行时频分析以得到反映信号本质特征的互相关时频图像;其次对时频图像进行非时钟同步拼接处理,以适应在不同接收端时延下的识别;最后引入由多级残差单元级联的深度多级残差网络,融合浅层网络的细节信息和深层网络映射的高维特征,增强网络的表征能力和结构紧密性,实现 SFBC-OFDM 信号识别。仿真结果表明,该算法在低信噪比下的性能较现有算法更优,避免了传统特征提取算法存在的专家经验要求高、受先验信息限制大的问题,适用于非合作通信场景。

(4) 针对传统 STBC-OFDM 识别算法受信道和噪声影响大、对不同通信环境适应性差的问题,介绍了一种基于注意力引导多尺度扩张卷积网络的识别算法。首先计算接收端的四阶滞后矩并组成一维特征向量,将特征向量进行二维拼接,以获取适合于网络学习的四阶滞后矩谱;其次利用多尺度扩张卷积提取不同间隔下的峰值特征,并采用卷积块注意力模块对多尺度特征进行引导,将注意力资源分配给重点的目标区域;最后利用拼接层融合多尺度引导特征,并结合残差层提升融合特征利用率,实现 STBC-OFDM 信号识别。仿真结果表明,该算法性能明显优于传统的识别算法,且不需要信道和噪声的先验信息,能够在非合作通信场景下实现信息的有效传输。

6.2 研究展望

空间编码技术历经多年发展,其编码类型与应用场景不断丰富完善,在诸多领域取得了广泛的应用,针对空时-频分组码识别问题而言,其相关内容的研究与优化永远都在路上。21 世纪初,深度学习的井喷式发展为计算机视觉等领域注入了新动力,并逐步扩展至通信信号处理领域的相关研究,虽然已经取得了一些成果,但仍存在许多亟待解决的问题。在本书基础之上,未来可从以下几个方面进一步展开研究:

(1) 本书主要讨论了在编码类型已知情况下的闭集识别,对于发射信号不属于任意一种待识别信号类型的场景还未进行研究。当接收信号不属于训练集中的已知类别样本时,由于 Softmax 的输出特征,网络依旧会将其归为置信度较高的某一类,这显然不符合实际情况。因此,当存在未知信号类型时,对样本展开“有排除”的开集识别,将其归为一种新的未知类型,而非划为某种已知类型,对非合作通信场景具有重要意义。

(2) 本书对 SFBC-OFDM 的识别还仅限于 SM-OFDM 和 AL-OFDM 两类最常用的信号类型,还未对基于多天线进行编码的 SFBC-OFDM 信号展开研究。识别 SM-OFDM 和 AL-OFDM 为无疑识别其他信号类型提供了思路，但在实际通信过程中，采用多天线进行编码的 SFBC-OFDM 信号显然能够携带更多的传输信息。研究不同编码类型下的 SFBC-OFDM 识别，对系统性地提升 SFBC-OFDM 信号工程应用价值具有重要作用。

(3) 在对注意力引导多尺度扩张卷积网络有效性进行验证的过程中，构造的单支路卷积网络尽管未采用多尺度特征，但仍取得了较高的识别准确率，且模型的复杂度较低。进一步改善单支路卷积网络的识别性能，将有望发掘出一种具有优良识别率且轻量化的模型框架，进一步提升现有 STBC-OFDM 识别算法的综合性能。

(4) 影响深度学习模型性能的核心是数据集的优劣，所有的网络均在对信号样本学习的过程中，建立输入样本与信号类型的映射关系。然而在实际的无线通信过程中，信道环境和噪声干扰并非一成不变，这种时变的通信条件使得某一批数据集训练的网络并不适用于其他场景，即深度学习的"泛化性"还有所欠缺。这种泛化能力的不足成为了神经网络工程化应用所绕不开的课题，研究出一种普适的深度学习模型泛化方法，将促进其从实验台走向军民用通信设备，对深度学习的工程应用产生非常显著的深远影响。

空时-频分组码识别技术经过多年的发展，相关算法涉及的内容广、理论深，限于作者的知识能力和研究水平，书中难免会出现一些纰漏之处，在此恳请各位专家学者能够对本书进行批评指正。

6.3　信道编码识别技术展望：传统特征与深度学习

自 1949 年 R. Hamming 介绍第一个差错控制编码——汉明码至今，为提升通信系统传输的可靠性，信道编码的相关理论已发展了 70 余年。得益于卷积码、Turbo 码、LDPC 码和 Polar 码等一系列具有优异性能的编码方式的出现,无线通信系统的性能获得了飞速发展,并直接带动了3G、4G乃至5G等移动互联网技术的普及与繁荣,极大地促进了产业升级和经济社会发展。作为接收端信息处理与恢复的关键一环,编码方式识别可为信源译码提供重要参考,显著提升发送端原始信息恢复与纠错效率。

传统的信道编码识别算法大多专注于编码方式本身,依据编码码长、码重等构造方法的差异,结合编码方式自身的结构特点(例如,空时分组码的相关性)提取辨识特征,构造以统计特征量和判别阈值为核心的假设检验实现识别。传统识别算法因结合编码方式自身构造特征,绝大部分算法的鲁棒性相对较好,在多种信道环境和信噪比下的性能较为稳定,已成功应用于军事和民用通信的诸多领域。然而,伴随着电磁环境与信息化技术日益密集化、复杂化,与新兴通信技术相匹配的编码在具备更优良性能的同时,其实现流程和相关理论也日益繁杂,使得传统识别方法不可避免地向着更为冗长的特征提取流程发展,导致本应“认得快”和“认得准”的类型识别过程,反而耗费了大量的时间和计算资源,迟滞了系统整体的译码进程,这对发射方信息未知的非合作通信场景是尤为不利的。此外,因传统算法采用人工提取假设检验特征,信道环境的改变将使算法的相关参数不得不重新选取,甚至部分特征的计算方法也要随之调整,否则识别性能就会受到显著削弱,而在无专家经验指导的情况下,这一参数调整过程将变得更加困难重重。这些现状无疑使算法的理论与应用门槛大幅上升,不断向着更为复杂和繁琐的方向发展,并最终导致传统识别方法的复杂程度显著攀升。因此,绕出复杂度不断增加的怪圈,开辟编码识别的新思路,克服传统算法的“内卷化”,成为了本领域亟待解决的问题。

自Geoffrey Hinton教授介绍的Alexnet模型取得Imagenet图像识别大赛的冠军以来,深度学习迎来了快速发展的井喷期,并逐步由计算机视觉扩展到自然语言处理等各领域。作为一项重要的技术、工具,深度学习能够广泛而快速地应用到各个研究领域,除了其在思想上的“新”以外,更重要的是源于以下三点核心优势:①理论门槛低。深度学习实际上要比基于特征工程的传统方法容易得多。一个信道编码领域的专家经过多年的理论研读、工程实践,才能够熟练掌握并设计新的特征构建方法,独立地完成特征设计、验证到工程应用的全过程。并且,学者本人还需要对该领域的十几种乃至几十种特征提取方法了如指掌,以便适时地对新方法进行相应调整,适应不同场景和条件下的工程应用。初入该领域的研究人员无疑需要大量的时间完成这一学习过程,并且即便熟练掌握了本领域的特征设计方法,构建的新特征仍然面临着效果较差的风险,这些难点都在无形中提升了工程师的准入门槛。②参数自适应。深度学习可以自动"学习"输入样本与输出结果之间的映射关系,通过反向传播不断地自动更新神经元的权值与偏置参数,这使得研究人员无须进行繁琐的特征提取与参数调整过程,在信道环境改变后,神经网络可以学习新的数据样本以适应重置后的通信环境,而无须重复传统方法繁琐的调参过程,极大地简化了算法的识别流程,并显著降低了技术人员的工作量。③网络模块化。深度学习实现的是端到端的特征映射,而端口之间的模型本身是通过网络模块衔接完成的,这一特性带来的直接好处就是不同类型的模块可以相互匹配。在上层模块的输出与下层模块的输入能够相协调的情况下,为适应本领域的研究对象特征,一些看似不适合搭配的模块也能进行组合,甚至可能获得更好的识别性能,从而极大地增强了模型设计的多样性和可变性。同时,模块化的网络还意味着不同领域的思想能够相互借鉴,基于图形学构建的注意力机制,在自然语言处理中同样可以发挥出很大的优势,跨领域的知识共享使得各专业的研究不断迸发出新的生机与活力。

新技术的发展也并非是完全抛弃传统的,而应是在传统方法基础上结合发展的。习近平总书记指出:"抛弃传统、丢掉根本,就等于割断了自己的精神命脉。"对于传统文化,"我们要取其精华、去其糟粕,而不能采取全盘接受或者全盘抛弃的绝对主义态度。"传统文化如此,信息技术的发展亦是如此。信道编码识别技术发展多年,其核心的特征提取与构建过程历经了实践和工程的检验,这些成果和优势是不可磨灭的,新技术的发展不应该对传统方法敬而远之,而应当“取其精华”,探索出一条结合传统与新方法优势的实践道路。

传统特征与深度学习的结合就是这样的一条道路。深度学习的核心是数据,有了好的数据,神经网络可以像“搭积木”一样利用各种各样的模块进行组合,搭建适合于该数据结构的网络框架。诚然,接收端的原始数据可以作为网络数据集进行学习(如 STBC),但对于编码方式较为复杂的信号类型(如 STBC-OFDM),将未经处理的原始 I/Q 数据直接输入网络往往效果较差,这是因为神经网络难以发掘出复杂信号内在的编码特征差异,以将其映射到可辨识度更高的特征空间当中,而特征差异大、适合网络学习的好数据则能够给网络带来更优异的性能。因此,利用传统方法解析出有效特征,构造适合于神经网络学习的数据集,并搭建与之相匹配的深度学习模型,成为了在编码识别领域一条可实现的新兴道路,必将在未来的发展中进一步迸发出更加澎湃的生机与活力。

信道编码识别可采用的传统特征与深度学习相结合的技术路线如图 6-1 所示。需要说明的是,这里面的特征样本化是指将提取的传统特征转化为适合于神经网络识别的样本形式,具体可能包括维度变换、图像剪切和重塑等操作。此处并未采用特征图像化的说法,是因为对于某些信号(如调制信号),其样本形式并非都是矩形的图片格式,而是 $2\times N$ 维的时域样本,故此处采用了样本化的说法。

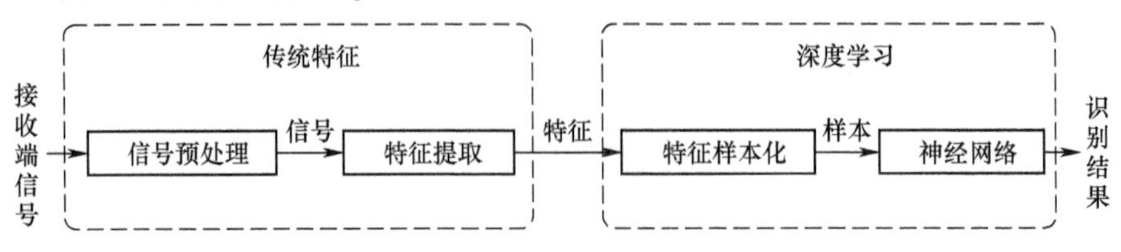

图 6-1　传统特征与深度学习相结合的技术路线

参考文献

[1] Chen C L. High-speed decoding of BCH codes[J]. IEEE Transactions on Information Theory, 1981, 27(2): 254-256.

[2] Viterbi A J. Error bounds for convolutional codes and an asymptotically optimum decoding algorithm[J]. IEEE Transactions on Information Theory, 1967, 13(2): 260-269.

[3] Berrou C, Glavieux A. Near optimum error correcting coding and decoding: turbo-codes [J]. IEEE Transactions on Communications, 1996, 44(10): 1261-1271.

[4] Gallager R G. Low-density parity-check codes[J]. IRE Transactions on Information Theory, 1962, 8(1): 21-28.

[5] Tarokh V, Seshadri N, Calderbank A R. Space-time codes for high data rate wireless communication: performance criterion and code construction[J]. IEEE Transactions on Information Theory, 1998, 44(2): 744-765.

[6] McCulloch W S, Pitts W. A logical calculus of the ideas immanent in nervous activity[J]. The Blletin of Mathematical Biophysics, 1943, 5(4): 115-133.

[7] Eldemerdash Y A, Dobre O A, Liao B J. Blind identification of SM and Alamouti STBC-OFDM signals[J]. IEEE Transactions on Wireless Communications, 2015, 14(2): 972-982.

[8] Marey M, Dobre O A. Blind modulation classification algorithm for single and multiple-antenna systems over frequency-selective channels[J]. IEEE Signal Processing Letters, 2014, 21(9): 1098-1102.

[9] Marey M, Dobre O A, Inkol R. Classification of space-time block codes based on second-order cyclostationarity with transmission impairments[J]. IEEE Transactions on Wireless Communications, 2012, 11(7): 2574-2584.

[10] Karami E, Dobre O A. Identification of SM-OFDM and AL-OFDM signals based on their second-order cyclostationonrity[J]. IEEE Transactions on Vehicular Technology, 2015, 64(3): 942-953.

[11] 赵知劲，谢少萍，王海泉．OSTBC 信号累积量的特征分析[J]. 电路与系统学报，2013，18(1)：150–155.

[12] 闫文君，张立民，凌青，等．基于高阶统计特征的空时分组码盲识别方法[J]. 电子与信息学报，2016，38(3)：668–673.

[13] Ling Q, Zhang L, YanW J, et al. Hierarchical space-time block codes signals classification using higher order cumulants[J]. Chinese Journal of Aeronautics, 2016, 29(3): 754–762.

[14] 张立民，闫文君，凌青，等．一种单接收天线下的空时分组码识别方法[J]. 电子与信息学报，2015，37(11)：2621–2627.

[15] 张立民，凌青，闫文君．基于高阶累积量的空时分组码盲识别算法研究[J]. 通信学报，2016，37(5)：1–8.

[16] Mohammadarimi M, Dobre O A. Blind identification of spatial multiplexing and Alamouti space-time block code via Kolmogorov-Smirnov (K-S) test[J]. IEEE Communications Letters, 2014, 18(10): 1711–1714.

[17] Eldemerdash Y A, Dobre O A, Öner M. Signal identification for multiple-antenna wireless systems: achievements and challenges[J]. IEEE Communications Surveys & Tutorials, 2016, 18(3): 1524–1551.

[18] Karami E, Dobre O A. Identification of SM-OFDM and AL-OFDM signals based on their second-order cyclostationarity[J]. IEEE Transactions on Vehicular Technology, 2015, 64(3): 942–953.

[19] Gao M J, Li Y Z, Li T, et al. Blind identification of MIMO-SFBC signals over frequency-selective channels[C]. 2017 IEEE Wireless Communications and Networking Conference, San Francisco, USA, 2017: 1–5.

[20] Gao M J, Li Y Z, Mao L T, et al. Blind identification of SFBC-OFDM signals using two-dimensional space-frequency redundancy[C]. GLOBECOM 2017 – 2017 IEEE Global Communications Conference, Singapore, 2017: 1–6.

[21] Gao M J, Li Y Z, Dobre O A, et al. Blind identification of SFBC-OFDM signals based on the central limit theorem[J]. IEEE Transactions on Wireless Communications, 2019,

18(7): 3500-3514.

[22] Marey M, Dobre O A. Automatic identification of space-frequency block coding for OFDM System[J]. IEEE Transactions on Wireless Communications, 2017, 16(1): 117-128.

[23] Gao M J, Li Y Z, Dobre O A, et al. Blind identification of SFBC-OFDM signals using subspace decompositions and random matrix theory[J]. IEEE Transactions on Vehicular Technology, 2018, 67(10): 9619 - 9630.

[24] 闫文君, 张立民, 凌青. 基于 FOLP 的 STBC-OFDM 信号盲识别方法[J]. 电子学报, 2017, 45(09): 2233-2240.

[25] Marey M, Dobre O A, Inkol R. Novel algorithm for STBC-OFDM identification in cognitive radios[C]. 2013 IEEE International Conference on Communications (ICC), Budapest, 2013:2770-2774.

[26] Marey M, Dobre O A, Inkol R. Blind STBC identification for multiple-antenna OFDM Systems[J]. IEEE Transactions on Communications, 2014, 62(5): 1554-1567.

[27] 张立民, 于柯远, 闫文君, 等. 基于特征序列的时域 STBC-OFDM 盲识别方法[J/OL]. 北京航空航天大学学报. https://doi.org/10.13700/j.bh.1001-5965.2020.0262.

[28] Werbos P J. Generalization of backpropagation with application to a recurrent gas market model[J]. NeuralNetworks, 1988, 1(4): 339-356.

[29] Mnih V, Heess N, Graves A, et al. Recurrent models of visual attention[C]. Advances in Neural Information Processing Systems,2014,2204-2212.

[30] 张天琪, 范聪聪, 喻盛琪, 等. 基于 JADE 与特征提取的正交/非正交空时分组码盲识别[J]. 系统工程与电子技术, 2020, 42(4): 933-939.

[31] Yan W, Ling Q, Zhang L, et al. Convolutional neural networks for space-time block coding recognition [DB/OL]. https://arxiv.org/abs/1910.09952v1, 2019-10-09.

[32] 于柯远, 张立民, 闫文君, 等. 基于深度学习的多 STBC 盲识别算法[J]. 系统工程与电子技术, 2021, 43(04): 1110-1118.

[33] 张孟伯, 王伦文, 冯彦卿. 基于卷积神经网络的 OFDM 频谱感知方法[J]. 系统工

程与电子技术，2019，41(1)：178-186.

[34] Oshea T, Corgan J, Clancy T. Convolutional radio modulation recognition networks[C]. Proc. of the International Conference on Engineering Applications of Neural Networks, 2016: 213-226.

[35] West N, Oshea T. Deep architectures for modulation recognition[C]. Proc. of the IEEE International Symposium on Dynamic Spectrum Access Networks, 2017: 1-6.

[36] Merima K, Tarik K, Ingrid M, et al. End-to-end learning from spectrum data: a deep learning approach for wireless signal identification in spectrum monitoring applications [J]. IEEE Access, 2018, 6: 18484-18501.

[37] Oshea T, Roy T, Clancy T. Over-the-air deep learning based radio signal classification [J]. IEEE Journal of Selected Topics in Signal Processing, 2018, 12(1): 168-179.

[38] Wang C, Wang J, Zhang X. Automatic radar waveform recognition based on time-frequency analysis and convolutional neural network[C]. Proc. of the IEEE International Conference on Acoustics, Speech and Signal Processing, 2017: 2437-2441.

[39] Zhang M, Diao M, Guo L. Convolutional neural networks for automatic cognitive radio waveform recognition[J]. IEEE Access, 2017, 5: 11074-11082.

[40] 秦鑫，黄洁，查雄，等．基于扩张残差网络的雷达辐射源信号识别[J]．电子学报，2020，48(3)：456-462.

[41] Kong S, Kim M, Hoang L, et al. Automatic LPI radar waveform recognition using CNN [J]. IEEE Access, 2018, 6: 4207-4219.

[42] He K, Zhang X, Ren S, et al. Deep residual learning for image recognition[C]. Computer Vision and Pattern Recognition, US: IEEE, 2016: 770-778.

[43] 翁建新，赵知劲，占锦敏．利用并联 CNN-LSTM 的调制样式识别算法[J]．信号处理，2019，35(05)：870-876.

[44] 周龙梅．基于深度学习的通信信号识别技术研究[D]．北京：北京邮电大学，2018.

[45] 梁彩虹．块衰落信道下的空间耦合 LDPC 码设计[D]．西安：西安电子科技大学，2018.

[46] 赵晶．块衰落信道中的空时编码技术的研究[D]．成都：西南交通大学，2008.

[47] 孙岳，李蓓蕾，梁彩虹，等．块衰落信道下串联多链空间耦合 LDPC 码设计[J]．西安电子科技大学学报，2019，46(2)：1-5+28.

[48] 25.996，3 GPP TR Spatial channel model for multiple configured multiple output (MIMO)[S]. 3rd Generation Partnership Project，2012.

[49] Baum D S，Hansen J，Salo J. An interim channel model beyond-3G systems：extending the 3GPP spatial channel model (SCM) [C]. Proc. of the Vehicular Technology Conference，2005：3132-3136.

[50] 全仕锦．MIMO-OTA 系统的校准验证和性能测试研究[D]．北京：北京邮电大学，2018.

[51] 徐栋梁．基于 3GPP SCM 的 MIMO 信道建模和信道参数估计[D]．天津：天津大学，2010.

[52] Beaulieu N C，Cheng C. Efficient Nakagami-m fading channel simulation[J]. IEEE Transactions on Vehicular Technology，2005，54(2)：413-424.

[53] Meng F，Chen P，WuL，et al. Automatic modulation classification a deep learning enabled approach[J]. IEEE Transactions on Vehicular Technology，2018，67(11)：10760-10772.

[54] Wnag Y，Liu M，Yang J，et al. Data-driven deep learning for automatic modulation recognition in cognitive radios[J]. IEEE Transactions on Vehicular Technology，2019，68(4)：4074-4077.

[55] 黄颖坤，金炜东，余志斌，等．基于深度学习和集成学习的辐射源信号识别[J]．系统工程与电子技术，2018，40(11)：33-38.

[56] 郭立民，寇韵涵，陈涛，等．基于栈式稀疏自编码器的低信噪比下低截获概率雷达信号调制类型识别[J]．电子与信息学报，2018，40(4)：875-881.

[57] Gao M，Li Y，Mao L，et al. Blind identification of SFBC signals using two-dimensional space-frequency redundancy[C]. GLOBECOM 2017-2017 IEEE Global Communications Conference，Singapore：IEEE，2017：1-6.

[58] Gao M，Li Y，Dobre O A，et al. Blind identification of SFBC signals using subspace de-

compositions and random matrix theory[J]. IEEE Transactions on Vehicular Technology, 2018, 67(10): 9619-9630.

[59] Gao M, Li Y, Dobre O A, et al. Blind identification of SFBC signals based on the central limit theorem[J]. IEEE Transactions on Wireless Communications, 2019, 18(7): 3500-3514.

[60] Zhang Q, Zhan X, Zhang P. Modulation scheme recognition using convolutional neural network[J]. The Journal of Engineering, 2019, 2019(23): 9075-0978.

[61] Mehrabi M, Mohammadkarimi M, Ardakani M, et al. Decision directed channel estimation based on deep neural network k-step predictor for MIMO communications in 5G[J]. IEEE Journal on Selected Areas in Communications, 2019, 37(11): 2443-2456.

[62] Zeng Z, Chen X, Song Z. MGFN: A multi-granularity fusion convolutional neural network for remote sensing scene classification[J]. IEEE Access, 2021, 9: 76038-76046.

[63] Li S, Chen Y, Jiang R, et al. Image denoising via multi-scale gated fusion network[J]. IEEE Access, 2019, 7: 49392-49402.

[64] Jiang Y, Tan N, Peng T, et al. Retinal vessels segmentation based on dilated multi-scale convolutional neural networ[J]. IEEE Access, 2019, 7: 76342-76352.

[65] Tian Y, Zhang Q, Ren Z, et al. Multi-scale dilated convolution network based depth estimation in intelligent transportation systems[J]. IEEE Access, 2019, 7: 185179-185188.

[66] NiuY, Lu Z, Wen J, et al. Multi-modal multi-scale deep learning for large-scale image annotation[J]. IEEE Transactions on Image Processing, 2019, 28(4): 1720-1731.

[67] Lai R, Li Y, Guan J, et al. Multi-scale visual attention deep convolutional neural network for multi-focus image fusion[J]. IEEE Access, 2019, 7: 114385-114399.

[68] Wen C, Hong M, Yang X, et al. Pulmonary nodule detection based on convolutional block attention module[C]. 2019 Chinese Control Conference (CCC), Guangzhou, 2019: 8583-8587.

[69] Huang G, Gong Y, Xu Q, et al. A convolutional attention residual network for stereo matching[J]. IEEE Access, 2020, 8: 50828-50842.

[70] Zhou S, Wang J J, Zhang J, et al. Hierarchical u-shape attention network for salient object detection[J]. IEEE Transactions on Image Processing, 2020, 29: 8417-8428.

[71] Sun J, Xia S, Sun Z, et al. Cross-model deep feature fusion for face detection[J]. IEEE Sensors Letters, 2020, 4(9): 1-4.

[72] Wang Z, Chen B, Lu R, et al. FusionNet: an unsupervised convolutional variational network for hyperspectral and multispectral image fusion[J]. IEEE Transactions on Image Processing, 2020, 29: 7565-7577.

[73] Shen T, Wang J, Gou C, et al. Hierarchical fused model with deep learning and type-2 fuzzy learning for breast cancer diagnosis[J]. IEEE Transactions on Fuzzy Systems, 2020, 28(12): 3204-3218.

[74] Liu C, Zhou W, Chen Y, et al. Asymmetric deeply fused network for detecting salient objects in RGB-D images[J]. IEEE Signal Processing Letters, 2020, 27: 1620-1624.

[75] Zhao Y, Xie K, Zou Z, et al. Intelligent recognition of fatigue and sleepiness based on inceptionV3-LSTM via multi-feature fusion[J]. IEEE Access, 2020, 8: 144205-144217.

[76] Liu X, Yu A, Wei X, et al. Multimodal MR image synthesis using gradient prior and adversarial learning[J]. IEEE Journal of Selected Topics in Signal Processing, 2020, 14(6): 1176-1188.

[77] Huang G, Chen X P, Chen J N, et al. Multi-person pose estimation under complex environment based on progressive rotation correction and multi-scale feature fusion[J]. IEEE Access, 2020, 8: 132514-132526.

[78] Zhou H C, Zhu Y N, Wang Q, et al. Multi-scale dilated convolution neural network for image artifact correction of limited-angle tomography[J]. IEEE Access, 2020, 8: 1567-1576.

[79] Gao H, Chen Z, Li C. Hierarchical shrinkage multiscale network for hyperspectral image classification with hierarchical feature fusion[J]. IEEE Journal of Selected Topics in Applied Earth Observations and Remote Sensing, 2021, 14: 5760-5772.

[80] Gong M, Shu Y. Real-time detection and motion recognition of human moving objects

based on deep learning and multi-scale feature fusion in video[J]. IEEE Access, 2020, 8: 25811-25822.

[81] Gao A, Zhu Y, Cai W, et al. Pattern recognition of partial discharge based on VMD-CWD spectrum and optimized CNN with cross-layer feature fusion[J]. IEEE Access, 2020, 8: 151296-151306.

[82] Sun L, Yang K, Hu X, et al. Real-time fusion network for RGB-D semantic segmentation incorporating unexpected obstacle detection for road-driving images[J]. IEEE Robotics and Automation Letters, 2020, 5(4): 5558-5565.

[83] Chen H, Deng Y, Li Y, et al. RGBD salient object detection via disentangled cross-modal fusion[J]. IEEE Transactions on Image Processing, 2020, 29: 8407-8416.

[84] Cui S, Wang R, Wei J, et al. Self-attention based visual-tactile fusion learning for predicting grasp outcomes[J]. IEEE Robotics and Automation Letters, 2020, 5(4): 5827-5834.

[85] Dong X, Zhou H, Dong J, et al. Texture classification using pair-wise difference pooling-based bilinear convolutional neural networks[J]. IEEE Transactions on Image Processing, 2020, 29: 8776-8790.

[86] Li C, Hang R, Rasti B, et al. EMFNet: enhanced multisource fusion network for land cover classification[J]. IEEE Journal of Selected Topics in Applied Earth Observations and Remote Sensing, 2021, 14: 4381-4389.

[87] Ye X C, Sun B L, Wang Z H, et al. PMBANet: progressive multi-branch aggregation network for scene depth super-resolution[J]. IEEE Transactions on Image Processing, 2020, 29: 7427-7442.

[88] Liu Y, Liu Y, Ding L. Scene classification based on two-stage deep feature fusion[J]. IEEE Geoscience and Remote Sensing Letters, 2018, 15(2): 183-186.

[89] Zhang Z, Wang C, Gan C, et al. Automatic modulation classification using convolutional neural network with features fusion of SPWVD and BJD[J]. IEEE Transactions on Signal and Information Processing over Networks, 2019, 5(3): 469-478.

[90] Ma J, Qiu T. Automatic modulation classification using cyclic correntropy spectrum in

impulsive noise[J]. IEEE Wireless Communications Letters, 2019, 8(2): 440-443.

[91] Wu H, Li Y X, Zhou L, et al. Convolutional neural network and multi-feature fusion for automatic modulation classification[J]. IET Electronics Letters, 2019, 55(16): 895-897.

[92] Yan X, Zhang G, Wu H. A novel automatic modulation classifier using graph-based constellation analysis for M-ary QAM[J]. in IEEE Communications Letters, 2019, 23(2): 298-301.

[93] Wang Y, Gui J, Yin Y, et al. Automatic modulation classification for MIMO systems via deep learning and zero-forcing equalization[J]. IEEE Transactions on Vehicular Technology, 2020, 69(5): 5688-5692.

[94] Ghasemzadeh P, Banerjee S, Hempel M, et al. A novel deep learning and polar transformation framework for an adaptive automatic modulation classification[J]. IEEE Transactions on Vehicular Technology, 2020, 69(11): 13243-13258.

[95] Kumar Y, Sheoran M, Jajoo G, et al. Automatic modulation classification based on constellation density using deep learning[J]. IEEE Communications Letters, 2020, 24(6): 1275-1278.

[96] Zheng S, Qi P, Chen S, et al. Fusion methods for CNN-based automatic modulation classification[J]. IEEE Access, 2019, 7: 66496-66504.

[97] Hermawan A P, Ginanjar R R, Kim D, et al. CNN-based automatic modulation classification for beyond 5G communications[J]. IEEE Communications Letters, 2020, 24(5): 1038-1041.

[98] Tu Y, Lin Y, Hou C, et al. Complex-valued networks for automatic modulation classification[J]. IEEE Transactions on Vehicular Technology, 2020, 69(9): 10085-10089.

[99] Wang Y, Wang J, Zhang W, et al. Deep learning-based cooperative automatic modulation classification method for MIMO systems[J]. IEEE Transactions on Vehicular Technology, 2020, 69(4): 4575-4579.

[100] Shah M H, Dang X. Novel feature selection method using bhattacharyya distance for neural networks based automatic modulation classification[J]. IEEE Signal Processing

Letters, 2020, 27: 106-110.

[101] Sun J, Xu G L, Ren W J, et al. Radar emitter classification based on unidimensional convolutional neural network[J]. IET Radar, Sonar & Navigation, 2018, 12(8):862-867.

[102] Wong L J, Headley W C, Michaels A J. Specific emitter identification using convolutional neural network-based IQ imbalance estimators[J]. IEEE Access, 2019, 7: 33544-33555.

[103] Pan Y, Yang S, Peng H, et al. Specific emitter identification based on deep residual networks[J]. IEEE Access, 2019, 7: 54425-54434.

[104] Ding L, Wang S, Wang F, et al. Specific emitter identification via convolutional neural networks[J]. IEEE Communications Letters, 2018, 22(12): 2591-2594.

[105] He B, Wang F. Cooperative specific emitter identification via multiple distorted receivers[J]. IEEE Transactions on Information Forensics and Security, 2020, 15: 3791-3806.

[106] Bai J, Gao L, Gao J, et al. A new radar signal modulation recognition algorithm based on time-frequency transform[C]. 2019 IEEE 4th International Conference on Signal and Image Processing (ICSIP), Wuxi, China, 2019: 21-25.

[107] Zhang J, Xing M, Xie Y. FEC: a feature fusion framework for sar target recognition based on electromagnetic scattering features and deep CNN features[J]. IEEE Transactions on Geoscience and Remote Sensing, 2021, 59(3): 2174-2187.

[108] Gao F, Shi W, Wang J, et al. A semi-supervised synthetic aperture radar (SAR) Image recognition algorithm based on an attention mechanism and bias-variance decomposition[J]. IEEE Access, 2019, 7: 108617-108632.

[109] Xiong G, Xi Y, Chen D, et al. Dual-polarization SAR ship target recognition based on mini hourglass region extraction and dual-channel efficient fusion network[J]. IEEE Access, 2021, 9: 29078-29089.

[110] Wen Z, Wu Q, Liu Z, et al. Polar-spatial feature fusion learning with variational generative-discriminative network for PolSAR classification[J]. IEEE Transactions on Geo-

science and Remote Sensing, 2019, 57(11): 8914-8927.

[111] Yu F, Koltun V. Multi-scale context aggregation by dilated convolutions[C]. LCLR 2016 4th International Conference on Learning Representations, San Juan, Puerto Rico, 2016: 1-13.

[112] Woo S Y, Park J C, Lee J Y, et al. CBAM: convolutional block attention module[C]. 15th European Conference on Computer Vision, Munich, Germany, 2018: 3-19.

[113] Wang G, Zhang T, Dai Y, et al. A serial-parallel self-attention network joint with multi-scale dilated convolution[J]. IEEE Access, 2021, 9: 71909-71919.

[114] Zhao S, Nguyen T H, Ma B. Monaural speech enhancement with complex convolutional block attention module and joint time frequency losses[C]. 2021 IEEE International Conference on Acoustics, Speech and Signal Processing (ICASSP), Toronto, ON, Canada, 2021: 6648-6652.

[115] Zhai M, Xiang X, Zhang R, et al. Ad-net: attention guided network for optical flow estimation using dilated convolution[C]. 2019 IEEE International Conference on Acoustics, Speech and Signal Processing (ICASSP), Brighton, UK, 2019: 2207-2211.